時間は存在しない

カルロ・ロヴェッリ Carlo Rovelli 冨永 星 訳

L'ordine del tempo

NHK出版

時間は存在しない

装幀
松田行正＋杉本聖士

エルネストとビロとエドアルドへ

目次

本文中の〔　〕は訳注を表す。注番号は巻末の原注を参照。
本文中に挙げられた書名は、邦訳版があるものは邦題を表記し、邦訳版がないものは原題とその逐語訳を併記した。

各章の冒頭の韻文のうち出典の表記がないものは、
ホラティウスの『歌集』の一節である。

もっとも大きな謎、それはおそらく時間

今わたしたちが語っている言葉ですら、
すでに猛々しい時が運び去り、
何一つとして戻りはしない。

（I, 11）

動きを止めて、何もしない。何も起こらず、何も考えない。ただ、時の流れに耳を澄ます。これが、わたしたちが親しみ馴染んでいる時。わたしたちを荒々しく運ぶ時。秒、時間、年の流れはわたしたちを生へと放り出し、無へと引きずってゆく……。わたしたちは水中に棲《す》む魚のように、時間のなかで生きている。わたしたちは、時間のなかの存在なのだ。時の子守歌はわたしたちを育み、世界を開いてみせる。狼狽させ、怖がらせ、そしてあやす。宇宙も時間に導かれて未来へと展開し、時間の順序に従って存在する。

ヒンドゥーの神話における宇宙の大河は、踊るシヴァ神の姿をしている。この神の踊り、宇宙の流れを支える踊りが時間の流れなのだ。この流れより普遍的で明白なものが、はたしてあ

るだろうか。

だが、事はそう単純ではない。現実は往々にして見かけとまるで違っている。地球は平らに見えるが、じつは丸い。太陽は空を巡っているように見えるが、回っているのはわたしたちのほうだ。そして時間の構造も見かけとは違い、一様で普遍的な流れではない。当時大学生だったわたしは、物理学の本にそう記されているのを見てあっけにとられた。時間のありようが、見かけとまるで異なっているとは。

それらの本にはまた、時間がどのように機能するのか、ほんとうのところはまだわかっていないと記されていた。時間の正体は、おそらく人類に残された最大の謎なのだ。そしてそれは奇妙な糸によって、精神の正体や宇宙の始まり、ブラックホールの運命や生命の働きといったほかの大きな未解決の謎とつながっている。わたしたちは絶えず何か本質的なものによって、摩訶不思議な時間の正体に連れ戻される。

驚嘆の念こそがわたしたちの知識欲の源であり[1]、時間が自分たちの思っていたようなものでないとわかったとたんに、無数の問いが生まれる。時間の正体を突き止めることは、これまでずっとわたしの理論物理学研究の核だった。これからみなさんに、わたしたち人類が時間について知り得たこと、時間への理解を深めるためにたどってきた道、そしてまだわからない点もあるが、かすかに見え始めたと思われることを、紹介していきたい。

なぜ、過去を思い出すことはできても未来を思い出すことはできないのか。わたしたちが時間のなかにいるのか、それとも時間がわたしたちのなかにあるのか。時間が「経つ」という言葉は、ほんとうのところ何を意味しているのか。わたしたちの主体としての本質、つまり主観と時間とを結びつけているのは何なのか。

時の流れに耳を澄ますとき、わたしはいったい何を聴いているのか。

この本は長短三つのパートからなっている。第一部では、現代物理学が時間について知り得たことを手短かに紹介する。時間は、まるで手に受けたひとひらの雪のように、調べるほどに指の間で溶け、ついにはどこかに消えてしまう。それでもふつうわたしたちは、時間は単純で基本的なものであり、ほかのあらゆることに無関係に過去から未来へと一様に流れ、置き時計や腕時計で計れると思っている。この宇宙の出来事は、時間の流れのなかで整然と起きる――過去の出来事、現在の出来事、未来の出来事。過去は定まっていても、未来は定まっていない……。ところが、これらはすべて誤りであることがわかった。

時間に特有とされている性質が一つまた一つと、じつは近似だったり、わたしたちの見方がもたらした間違いであることが明らかになったのだ――ちょうど、地球は平らだとか、太陽が地球のまわりを回っているといった見方が間違いであったように。わたしたちの知識が増えたことにより、時間の概念は徐々に崩壊していった。わたしたちが「時間」と呼んでいるものは、さまざまな層や構造[2]の複雑な集合体なのだ。そのうえさらに深く調べていくと、それらの層も一枚また一枚と剝がれ落ち、かけらも次々に消えていった。この本の第一部では、このような時間という概念の崩壊について述べる。

第二部では、その結果残されたものについて述べていく。風が吹きすさぶガランとしたその風景に、時間の痕跡はほとんど残されていないように見える。よそよそしくも奇妙な場所、だがそれこそが、わたしたちの属する世界なのだ。まるで高山の頂に至ったかのように……見えるのは雪と岩と空ばかり。あるいは、ついに月面の不動の砂地に降り立ったニール・アームストロング船長とパイロットのバズ・オルドリンが目にしたのも、このような風景だったのかもしれない。本質だけが残された世界は美しくも不毛で、曇りなくも薄気味悪く輝いている。わたしが取り組んでいる量子重力理論と呼ばれる物理学は、この極端で美しい風景、時間のない世界を理解し、筋の通った意味を与えようとする試みなのだ。

第三部はもっとも難しく、それでいていちばん生き生きしており、わたしたち自身と深く関わっている。時間のない世界にはそれでも何かがあって、わたしたちの慣れ親しんだ時間――順序があって、未来が過去と異なり、なめらかに流れる時間――を生み出しているはずだ。わたしたちにとっての時間が、何らかの形でわたしたちのまわりに生まれているはずなのだ。少なくともわたしたちのスケールにおいて、わたしたちのために。[3]

これは、第一部でこの世界の基本的な原理を追い求めるうちに失われた「時間」へと立ち戻る帰還の旅である。ちょうど探偵小説のように、今度は時間を生み出す張本人を探ってゆく。わたしたちの慣れ親しむ「時間」を構成しているかけらを、一つずつ再発見していくのだ。今度は現実の基本的な構造としてではなく、不器用でへまなわたしたちヒトという生き物にとって都合のよい似姿《にすがた》として。それはさらにわたしたち自身の視点の特徴であり、わたしたち自身の存在を定めるうえで決定的な特徴なのかもしれない。なぜなら結局のところ時間の謎は、宇宙に関する問題ではなく、わたしたち自身についての問題なのだから。世界初のもっとも偉大な探偵小説であるソフォクレスの『オイディプス王』のように、おそらく犯人は探偵自身なのだ。

こうしてこの本は、明瞭であったり曖昧であったりするさまざまな灼熱《しゃくねつ》のアイデアの溶融物となる。もしもみなさんについてきてくださる気持ちがおありなら、時間に関する現在の知の到達点と思われるところ、まだわたしたちの知らないたくさんのことが星のようにきらめく広大な夜の海へとお連れしよう。

第一部

時間の崩壊

第一章　所変われば時間も変わる

恋の踊りが編み上げる
げにいとおしき娘たちを
この澄み切った夜の
月の光を浴びながら。
(I,4)

時間の減速

簡単な事実から始めよう。時間の流れは、山では速く、低地では遅い。その差はほんのわずかだが、今日インターネットで数千ユーロ〔数十万円〕も出せば買える正確な時計を使えば計ることができる。ほんの少し練習するだけで、誰でも時間が減速するという事実を確かめることができるのだ。専用の実験室に据えられた時計を使うと、数センチの高さの差によって生じる時間の減速も検出できる。床に置いた時計のほうが、卓上の時計よりほ

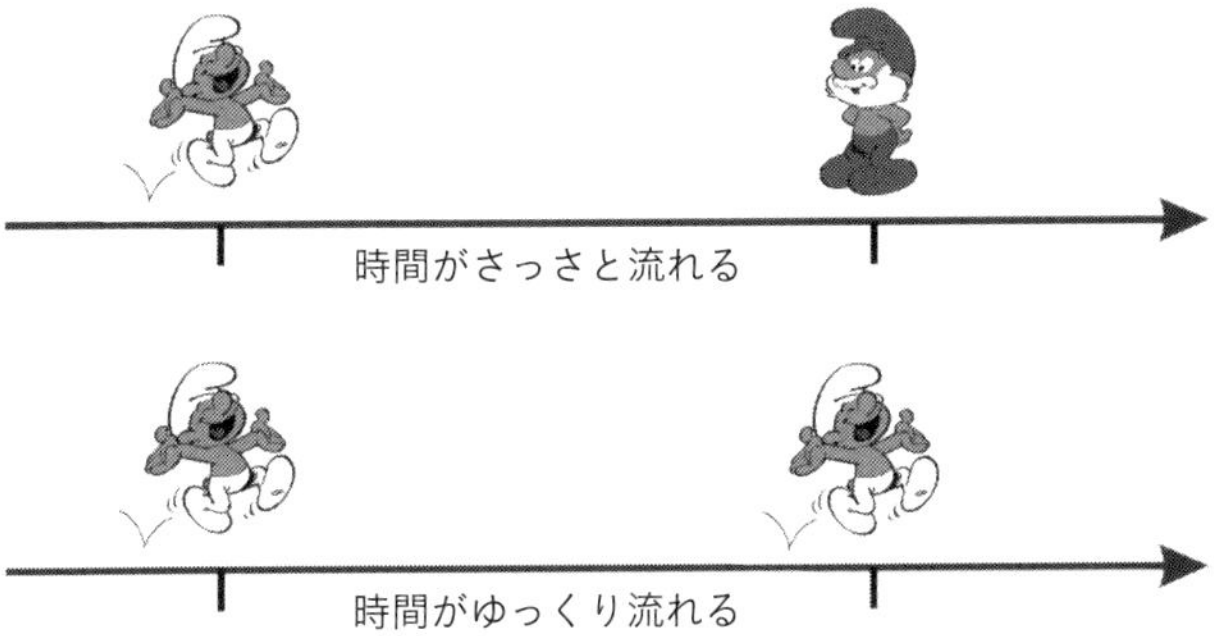

［図1］

んの少し時間の刻みが遅いのである。

遅くなるのは時計だけではない。低いところではあらゆる事柄の進展がゆっくりになる。二人の友が袂《たもと》を分かち、一人は平原で、もう一人は山の上で暮らし始めたとしよう。数年後に二人が再会すると、平原で暮らしていた人は生きてきた時間が短く、年の取り方が少なくなっている。鳩時計の振り子が振れた回数は少なく、さまざまなことをする時間も短く、植物はあまり成長しておらず、思考を展開する時間も短い。低地では、高地より時間がゆっくり流れているのだ（図1）。

驚きましたか？　きっと驚いたはず。でも、世界はそういうふうにできている。時間は、所によっては遅く流れ、所によっては速く流れる。

それよりもむしろ、測定に使える精度の高い時計ができる一〇〇年も前に、このような時間の減速に気づいた人物がいたことに驚くべきだろう。その名は、アルベルト・アインシュタイン。

　実際に観察する前に理解する力、それが、科学的思考の核にある。古代ギリシャの哲学者アナクシマンドロスは、地球を一周する航海が行われるずっと前に、頭の上の空がさらにずっと広がって、自分たちの足下のはるか下へと続いていることを理解していた。近代黎明期《れいめい》に生きたコペルニクスは、月に降り立った宇宙飛行士がその目で回転する地球を目の当たりにするずっと前に、地球が回っていることを知っていた。同様にアインシュタインは、精密な時計ができて時間の流れの差を計れるようになる前に、時間が至る所で一様に経過するわけではないことを理解していたのだ。

　わたしたちはこのような歩みのなかで、自分たちには当然と思える事柄がじつは先入観であることを知った。空はどう見ても自分たちの上にあるのであって、下にはないはずだった。そうでなければ、支えるもののない地球は下に落ちるはずだ。それに、地球はどう見ても動いていないように思われた。動いていたら、大騒ぎになるはずだ。さらに、時の経過も明らかに、どこでも同じ速さだと思われた……。けれども幼子はやがて成長し、この世界が、四方を壁に囲まれた自分たちの家のなかで考えていたものとは違うことに気づく。人類全体もまた、それと同じ経験をしているのだ。

　アインシュタインは、わたしたちの多くが重力について研究する際に頭をしぼってきた一つの問いを自らに投げかけた。太陽と地球が互いに触れることなく、中間にあるものもまったく使っていないとしたら、この二つはどうやって互いを重力で「引き合っている」のか。そして、妥当と思われる筋書きを見つけた。太陽と地球が直接引き合っているのではなく、それぞれが中間にあるものに順次作用しているのではなかろうか。だとすると、この二つの間には空間と時間しかないから、ちょうど水に浸かった物体がそのまわりの水を押しのけるように、太陽と地球がまわりの時間と空間に変化をもたらしているはずだ。このような時間の構造の変化が二つの天体の動きに影響を及ぼし、その結果、二つの天体が互いに向けて「落ちる」[1]。

では、この「時間の構造の変化」とはいったい何なのか。じつはそれが、先ほど述べた時間の減速なのだ。物体は、周囲の時間を減速させる。地球は巨大な質量を持つ物体なので、そのまわりの時間の速度は遅くなる。山より平地のほうが減速の度合いが大きいのは、平地のほうが地球（の質量の中心）に近いからだ。このため、平地で暮らす友のほうがゆっくり年を取る。

物が落ちるのは、この時間の減速のせいなのだ。惑星間空間では時間は一様に経過し、物も落ちない。落ちずに浮いている。いっぽうこの地球の表面では、物体はごく自然に、時間がゆっくり経過するほうに向けて動くことになる。ちょうど波打ち際から海に向かって駆け出したときに、足に水の抵抗を受けて、頭から波に倒れ込むようなもので、物体が下に落ちるのは、下のほうが地球による時間の減速の度合いが大きいからなのだ[2]。

したがって、時間の減速そのものは簡単に観察できないにもかかわらず、その影響はきわめて大きい。時間が減速するからこそ、物は落ち、わたしたちは足をきちんと地面につけていられる。足が舗道から離れないのは、体全体が、ごく自然に時間がゆったり流れる場所を目指すからで、みなさんの頭よりも足のほうが時間の流れが遅いのだ。

妙な話だと思いますか？　これはまさに、輝輝として沈んでいく太陽を眺め、遠くの雲間にゆっくり消えていくその姿を見ているときに、突然、動いているのが太陽ではなく地球だという事実を思い出すのと同じこと。その瞬間、わたしたちのたがの外れた心の目には、後ろ向きに回転しながら太陽から遠ざかるこの惑星と、わたしたち自身の姿が見えている。それはポール・マッカートニーの作品に出てくる「丘の上の愚か者《フール・オン・ザ・ヒル》」の「狂った」目であり、狂気をはらんだその目には、日常のかすんだ目より遠くが見えたりするのである[3]。

一万の踊るシヴァ神

わたしはアナクシマンドロスに夢中だ。この二六〇〇年ほど前のギリシャの哲学者は、地球がなんの支えもなしに宙に浮いていることを知っていた[4]。アナクシマンドロスの考えを知るには、ほかの人々の著述を当たる必要があるが、彼自身の著作の断片が一つ——ただ一つだけ残っている。

事物は必要に応じて、ほかのものに変わる。
そして時間の順序に従って、正義となる。

ここには「時間の順序に従って」（κατὰ τὴν τοῦ χρόνου τάξιν）とある。自然についての科学〔自然哲学〕が誕生したこの決定的瞬間の名残りは、曖昧で秘密めいたこれらの言葉、「時間の順序」に縋《すが》る姿勢のみ。

以来、天文学や物理学はアナクシマンドロスのこの指示に従って展開し、現象が「時間の順序に従って」どのように起きるのかを理解しようとしてきた。古代の天文学は、「時間のなかで」の星の動きを記述した。物理学の方程式は、「時間のなかで」事物がどのように変わるかを記述する。力学の基礎を確立したニュートンの方程式から電磁気現象を記述するマクスウェルの方程式まで、さらには量子現象を記述するシュレディンガー方程式から素粒子の力学を扱う量子場理論の方程式まで、物理学全体が「時間の順序に従って」事物がどのように展開するかを記述する科学なのだ。

古くからの慣習によって、この場合の時間は t という文字で表される（時間を意味する単語は、イタリア語〔tempo《テンポ》〕、フランス語〔temp《タン》〕、スペイン語〔tiempo《ティエンポ》〕では t で始まるが、ドイツ語〔Zeit《ツァイト》〕、アラビア語〔وقت《ワクツ》〕、ロシア語〔Время《ヴレーミャ》〕、中国語〔时间《シーチエン》〕では別の文字で始まる）。それにしても、この t は何を表しているのか。じつは、時計で計った値を表している。物理学の方程式はわたしたちに、時計で計った時間の経過につれて事物がどう変化するかを教えてくれるのだ。

けれども、先ほど見てきたように時計ごとに刻む時間は異なるわけで、こうなると、t はいったい何を指しているのか。二人の友が、一人は山で、もう一人は平地で暮らした後に再会すると、各自の腕時計は異なる時間を指している。そのどちらが t なのか。物理学の実験室において、卓上の時計と床に置いた時計は異なる速さで時を刻む。このとき、どちらの時計が「時間」を指しているのか。二つの時計のずれは、どのように記述されるのか。床に置かれた時計のほうが、卓上の時計が指すほんとうの時間より遅れているというべきなのか。それとも、卓上の時計のほうが、床で測定された真の時間より進んでいるというべきなのか。

この問いには意味がない。ちょうど、英ポンドの貨幣価値を米ドルで表した値と、米ドルの貨幣価値を英ポンドで表した値のどちらがリアルかと尋ねるようなもので、「ほんとうの価値」は存在しない。ポンドとドルは相対的な価値を有する二つの貨幣なのだ。同様に、「本物の時間」も存在しない。異なる時計が実際に指している二つの時間、互いに対して変化する二つの時間があるだけで、どちらが本物に近いわけでもない。

いや、二つどころか、たくさんの時間がある。空間の各点に、異なる時間が存在する。唯一無二の時間ではなく、無数の時間があるのだ。

物理学では、個別の現象を測定したときに個別の時計が示す時間のことを「固有時」と呼ぶ。各時計に固有時があり、各現象に固有時があって、固有のリズムがある。

アインシュタインはわたしたちに、固有時が互いに対してどう展開するかを記述する方程式をもたらした。二つの時間のずれの計算方法を示したのだ。[5]

「時間」と呼ばれる単一の量は砕け散り、たくさんの時間で編まれた織物になる。したがって、時間のなかで世界がどう展開するかは記述しない。局地的な時間のなかで物事がどう展開するか、さらには局地的な時間同士が互いに対してどう展開するかを記述する。この世界は、ただ一人の指揮官が刻むリズムに従って前進する小隊ではなく、互いに影響を及ぼし合う出来事のネットワークなのだ。

これが、アインシュタインの一般相対性理論による時間の描写である。相対性理論の方程式には、単一ではなく無数の「時間」がある。二つの時計がいったん分かれてから再会する場合と同じで、二つの出来事の間の持続時間は一つに定まらない。[6] 物理学は、事物が「時間のなかで」どのように進展するかではなく、事物が「それらの時間のなかで」どのように進展するか、「時間」同士が互いに対してどのように進展するかを述べているのだ。*

こうして時間は、最初の層である「単一性」という特徴を失う。時間は、場所が違えば異なるリズムを刻み、異なる進み方をする。この世界の事物には、さまざまなリズムの踊りが編み込まれている。踊るシヴァ神がこの世界を支えているのであれば、一万のシヴァ神がいるはずなのだ。ちょうどマティスの絵画のような、巨大な踊り手たちの集団が。

＊＝用語についての注意。「時（間）」という言葉は、互いに関係しながらも明確に区別できるさまざまな意味で使われている。①「時（間）」は、一般的な出来事の連続という現象を意味している（「音もなく聞き取ることもできない時の歩み」〔シェイクスピアの『終わりよければすべてよし』第五幕第三場〕）。②「時（間）」は、それらの出来事の発生の間隔を示している（「明日、そして明日、そして明日／あの日からその日へと、のろのろと這い進む／記録された時の最後の一音節へと」〔シェイクスピアの『マクベス』第五幕第五場〕）。あるいは、③その間隔の継続を示している（「おお紳士たちよ、人生の時間は短い」〔シェイクスピアの『ヘンリー四世』第一部第五幕第二場〕）。④「時（間）」はまた、特定の瞬間を意味し（「時が来たり、我が愛を連れ去る」〔シェイクスピアの『ソネット集』64番〕）、しばしば現在の瞬間を意味する（「時の関節が外れている」〔シェイクスピアの『ハムレット』第一幕第五場〕）。⑤「時（間）」は、継続を計るための変数を表す（「加速度は、速度を時間で微分したものである」）。この本では、ふだんの言葉と同様、「時（間）」という単語をいずれかの意味で自由に用いる。混乱したときはこの注を参照していただきたい。

第二章

時間には方向がない

木々の心をも動かした
オルフェウスより甘やかであるならば、
おまえはキタラの調子を合わせたろうに。
血は、虚ろな影へ
戻ってはこないだろう……
辛い運命も、
支えのおかげで
担えるほどに軽くなる、
元に戻そうとしても、
それはまったく能《あた》わざることだから。

(I,24)

この永遠の流れはどこから来ているのか

時計が山と平地で異なる速さの時を刻んだとして、けっきょくのところ、この時間の性質はわたしたちにとって重要なのだろうか。川の水は、岸のそばではゆっくりと、中央では速く流れるが、それでも流れであることに変わりはない……。いずれにしても、時間は過去から未来に流れるものではないのか？　ここからは、時間がどれくらい過ぎたのかを正確に測定することはあきらめよう。前章ではこの点についてさんざん頭を悩ませてきたが、今後は時間を測定するための数値は考えないことにする。それでも時間にはもう一つ、より本質的な「流れる」という性質がある。時の経過、すなわちリルケの『ドゥイノの悲歌』の冒頭に登場する「永久《とわ》の流れ」である。

永久の流れは絶え間なく、
すべての時代を運び去る
〔生と死の〕二つの王国を貫きて、
それらすべてを押し流す。[1]

［図2］

過去と未来は別物だ。原因が先で、結果が後。痛みは傷ついた後に訪れるのであって、傷つく前には痛まない。コップは割れて無数のかけらになるが、無数のかけらが元のガラスに戻ることはない。後悔し、苦しみ、幸せを思い出すことができたとしても、過去は変えられない。いっぽう未来は不確かだ。未来とは望みであり、不安であり、開かれた空間であり、ひょっとすると運命なのだ。未来に向かって生き、未来を形作れるのは、今のところそれが存在しないから。すべてが、まだ可能なのである。時間という線には決まった向きがある。時間は矢であって、二つの端は異なっている（図2）。

時間に関して重要なのは、そこだ。過ぎる速さではなく、二つの端が異なっていることこそが、時間の基本。未来への不安や記憶の不思議さを思うときにはっきり感じるあの移ろい、そこに潜むのが時間の秘密であり、それが、時間の謎について考えるということなのだ。この「流れ」は、いったい何なのか。この世界の基本原理のどこに落ち着くのか。この世界のメカニズムの襞《ひだ》の何が、かつて存在した過去とまだ存在していない未来を分かつのか。わたしたちにとって、なぜ過去はこれほどまでに未来と違うのか。

一九世紀と二〇世紀の物理学はこれらの問いに遭遇し、じつに意外で信じがたい事柄に搦《から》め捕られることになった。「所変われば時間の速さも変わる」という取るに足りない事実とは比べものにならない、途方もないことが明らかになったのだ。過去と未来、原因と結果、記憶と期待、後悔と意図を分かつものは、じつは、世界のメカニズムを記述する基本法則のどこにも存在しない。

熱の正体

すべての始まりは、国王殺しだった。一七九三年一月一六日にパリで開かれた国民公会は、投票の結果、ルイ一六世に死刑を宣告した。科学のもっとも深い根っこの一つに、反逆する心、すなわちすでに存在する事物の秩序を受け入れることを拒む心がある。[2] このとき国王に死刑を宣言した議員のなかに、ロベスピエールの友人、ラザール・カルノーがいた。カルノーは、偉大なペルシアの詩人シーラーズのサアディーに心酔していた。地中海の港湾都市アッコ〔アッカーとも〕で十字軍に捕まって奴隷となった詩人で、そのみごとな詩は今も国際連合の本部入り口に刻まれている。

アーダム〔ユダヤ・キリスト教のアダム〕の息子たちは、一つの体の手であり足であり、
彼らは同じ精髄から作られている。
どれか一つの部分が痛みに苦しむと、
ほかの部分も辛い緊張にさいなまれる。
人々の苦しみに無頓着なあなたは、
人の名に値しない。

科学のもう一つの深い根っこ、おそらくそれは詩だ。詩とは、目に見えるものの向こう側を見通す力のことである。カルノーは長男が生まれると、サアディーにちなむ名前をつけた。こうしてニコラ・レオナール・サディ・カルノーは、詩と反逆から生まれた。

サディは若い頃、一九世紀初頭の世界を変えつつあった「火を用いてものを回転させる装置」、つまり蒸気機関に情熱を燃やしていた。そして一八二四年に、「火の動力としての可能性に関する考察」という魅力的なタイトルの小冊子をまとめた。ところが、蒸気機関の機能の理論的な基盤を理解しようと試みたこの小論文は、誤った考えだらけだった。なにしろサディによると、そもそも熱は具体的な実体であって、滝の水が上から下に落ちることでエネルギーを

［図3］

生み出すように、熱いものから冷たいものへと「落ちる」ことでエネルギーを生み出すある種の流れである、というのだから。それでもこの論文には、重要な考え方が含まれていた。曰く、蒸気機関が機能するのは、煎じ詰めれば熱が熱いところから冷たいところに移るからだ。

サディの小冊子はついに、眼光鋭く厳格なプロイセンの教授ルドルフ・クラウジウス（図3）の目に留まることとなった。そしてクラウジウスは、そこから事の本質をつかみ取り、ある法則を発表した。後に有名になったその法則によると、周囲に変化するものがまったくないのであれば、熱は、冷たいものから温かいものに移れない。

ここで重要なのが、落体との違いだ。ボールは落ちることができるだけでなく——たとえば跳ね返ることによって——勝手に戻ってくることができる。ところが熱は、そうはいかない。

クラウジウスが発表したこの法則は、過去と未来を区別することができる、ただ一つの基本的物理法則なのだ。

ほかのどの法則においても、過去と未来は区別できない。ニュートンの力学的世界の法則も、マクスウェルが導いた電磁気の方程式も、重力に関するアインシュタインの相対性理論の式も、量子力学のハイゼンベルクやシュレディンガーやディラックが導いた方程式も、二〇世紀の物理学者たちが確立した素粒子に関する方程式も、どれ一つとして過去と未来を区別することはできないのだ。[3] つまり、これらの方程式に従って一連の出来事が起きるのであれば、同じ出来事の列を時間のなかで逆に進めることができる。[4] この世界の基本方程式に時間の矢が登場する[5]のは、熱が絡んでいるときに限られる。*

したがって時間と熱には深いつながりがあり、過去と未来の違いが現れる場合は決まって熱が関係してくる。逆回しにしたときに理屈に合わなくなる出来事の連なりには、必ずヒートアップするものが存在するのだ。

転がっている球の映像を見ただけでは、そのフィルムが正しい向きで上映されているかどうかは判断できない。だがその映画のなかで球が止まると、正しい向きだったことがわかる。な

*＝厳密にいうと、熱とは直接関係がない現象でも時間の矢が現れる場合があるが、それらの現象には、熱が絡んだ現象に通じるいくつかの重要な性質がある。たとえば、電気力学において遅延ポテンシャルが用いられるのがその一例だ。これから述べることはこれらの現象、とくにその帰結にも適用される。ここでの議論を重くしないためにも、これらの詳細な事例をすべて論じることは慎む。

ぜなら逆向きだと、球が勝手に動き出すというおよそあり得ない出来事が映し出されることになるからだ。球の動きが鈍って止まるのは摩擦のせいで、摩擦によって熱が生じる。熱が存在するときに限って、過去と未来を区別することができるのだ。たとえば、思考は常に過去から未来へと展開し、逆に展開することはない。実際に、ものを考えると、頭のなかで熱が生じるわけで……。

クラウジウスは、この一方通行で不可逆な熱過程を測る量を考え出した。そして、学のあるドイツ人だったので、その量に古代ギリシャ語に由来するエントロピーという名前をつけた。

> 重要な科学量の名前は、古代の言語から取りたい。これは、現在用いられているすべての言語で同じ名前が使われるようにするためだ。というわけで問題の量（S）を、ギリシャ語で変換を表す言葉 ἡ τροπή にちなんでエントロピーと呼ぶことを提案する[6]

（図4）。

Sという文字で表されるクラウジウスのエントロピーは、計って算出することができる量であり[7]、外部との物質やエネルギーのやりとりがない過程、すなわち孤立系では、増えるか同じままであって絶対に減らない。この決して減らないという事実を示すために、

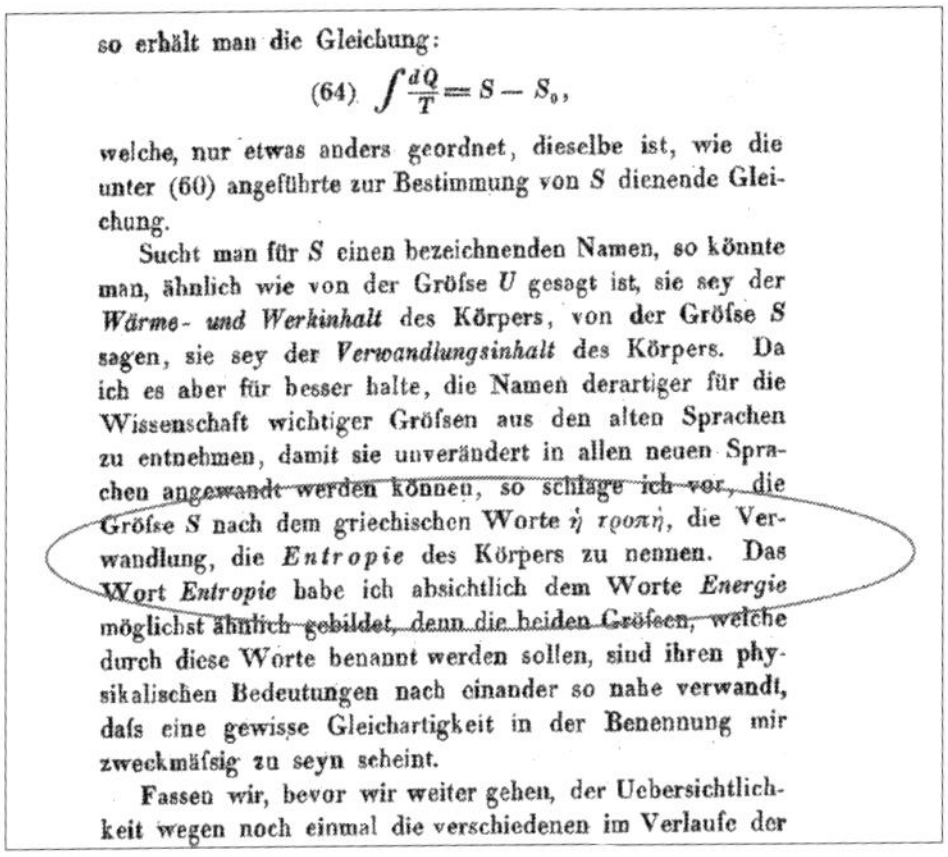

so erhält man die Gleichung:

$$(64)\quad \int \frac{dQ}{T} = S - S_0,$$

welche, nur etwas anders geordnet, dieselbe ist, wie die unter (60) angeführte zur Bestimmung von *S* dienende Gleichung.

Sucht man für *S* einen bezeichnenden Namen, so könnte man, ähnlich wie von der Gröfse *U* gesagt ist, sie sey der *Wärme- und Werkinhalt* des Körpers, von der Gröfse *S* sagen, sie sey der *Verwandlungsinhalt* des Körpers. Da ich es aber für besser halte, die Namen derartiger für die Wissenschaft wichtiger Gröfsen aus den alten Sprachen zu entnehmen, damit sie unverändert in allen neuen Sprachen angewandt werden können, so schlage ich vor, die Gröfse *S* nach dem griechischen Worte ἡ τροπή, die Verwandlung, die *Entropie* des Körpers zu nennen. Das Wort *Entropie* habe ich absichtlich dem Worte *Energie* möglichst ähnlich gebildet, denn die beiden Gröfsen, welche durch diese Worte benannt werden sollen, sind ihren physikalischen Bedeutungen nach einander so nahe verwandt, dafs eine gewisse Gleichartigkeit in der Benennung mir zweckmäfsig zu seyn scheint.

Fassen wir, bevor wir weiter gehen, der Uebersichtlichkeit wegen noch einmal die verschiedenen im Verlaufe der

［図4］クラウジウスの論文の、エントロピーの概念と名前を紹介したページ。数式は、物体のエントロピーの変化（$S-S_0$）を数学的に定義したもので、温度Tで物体から出て行く熱量dQの和（積分）になっている。

$$\Delta S \geqq 0$$

と書いて、「デルタSは常にゼロより大きいかゼロに等しい」と読む。これは「熱力学の第二法則」（第一法則は、エネルギー保存則）と呼ばれるもので、その核心は、熱は熱い物体から冷たい物体にしか移らず、決して逆は生じないという事実にある。

この本に数式を持ち込んだことを、どうかお許しいただきたい。誓ってこの一本だけなので。これは時間の矢を表す式であって、わたしにすれば、時間に関する自分の著作にこの式を記さずにはいられなかった。

この式は、基本的な物理式のなかで唯一、過去と未来を認識している。この式だけが、時間の流れについて述べているのだ。そしてこの特異な式の背後には、ある世界が隠れている。その世界のベールを剝ぐことになったのは、一人の魅力的で不運なオーストリア人だった。時計職人の孫にして悲劇の夢想家、ルートヴィヒ・ボルツマン（図5）である。

エントロピーとぼやけ

$\Delta S \geqq 0$ という式の背後に潜むものに最初に気づいたのは、ボルツマンだった。そしてそこからわたしたちは、この世界の基本的な成り立ち、その根本となる原理を理解するための目もくらむような急降下に身を投げ出すことになったのだった。

ボルツマンはグラーツ、ハイデルベルク、ベルリン、ウィーンで仕事をした後に、再びグラーツに戻った。自分にまるで落ち着きがないのは謝肉祭の火曜日〔復活祭に先立つ謝肉祭の締めくくりの日で、盛大なお祝いが行われる〕に生まれたせいだ、というのが本人の弁だった。これは半分本気で、実際ボルツマンはかなり不安定な気質だった。感じやすく、熱狂と鬱の間を揺れ動く。背は低くがっしりした作りで、黒い髪は癖毛でタリバンのような豊かなひげを蓄え、ガールフレンドには「わたしの愛しいまるぽちゃさん」と呼ばれていた。このルートヴィヒが、時間の方向を巡る不運な英雄となったのだ。

サディ・カルノーは、熱は実在であり、一つの流れだと考えていたが、これは間違いだった。熱は、分子のミクロレベルの振動である。熱いお茶は分子がきわめて活発に動いているお茶であり、冷たいお茶は分子がほんの少ししか動いていないお茶なのだ。冷えた角形氷のなかの分子はさらに動きが鈍いが、角形氷が温まって氷が溶けると、分子の動きは徐々に活発になり、厳格な結びつきは失われる。

一九世紀が終わろうという頃になっても、分子や原子は存在しないと考える人が多かった。原子や分子が実際に存在すると確信したボルツマンは、闘いを開始した。ボルツマンが原子の実在を疑う人々に向かって投げつけた痛烈な非難は、伝説となった。ある量子力学の若き勇士はかなり後になって、「わたしたち若者は、心のなかではみな彼の側についていた」と述べている。[8]ウィーンで開かれた会合で激烈な論争が繰り広げられたときには、著名な科学者が自分はボルツマンに反対だとして、[9]「科学的唯物論は死んだ。なぜなら物質の法則は時間の方向を区別しないのだから」と述べた。科学者たちも、ときには愚かなことを口にする。

［図5］

コペルニクスが沈む太陽を眺めていたとき、その目に映っていたのは回っている地球だった。ボルツマンが微動だにしない水の入ったコップを見ていたとき、その目に映っていたのは猛烈な勢いで動き回っている原子や分子だったのだ。

わたしたちに見えているコップのなかの水は、月面の宇宙飛行士に見えていた地球のように青く静かに輝いている。月からは、植物や動物といった地球上の生物のあふれんばかりの活動も欲も絶望も、いっさい見えない。あちこちに斑点のある青い球が見えるだけだ。同じように、光を反射しているコップの水のなかでも、じつは無数の分子、地球上の生命よりはるかに多い分子が騒々しく活動している。

そして、この大騒ぎによってすべてが混じり合う。分子がじっとしている部分があったとしても、ほかの分子の熱狂に巻き込まれ、やがて動き始める。こうして動揺が広がり、分子同士がぶつかったり押し合ったりする。だからこそ、冷たいものが熱いものと接すると温まる。冷たい分子が熱い分子とぶつかり、押されて動き出す。それが、熱くなるということなのだ。

熱による運動には、トランプのシャッフルを繰り返すのと似たところがある。順序よく並んでいるカードも、シャッフルすると順序が崩れる。こうして熱は熱いところから冷たいところに移るのであって、その逆は決して起きない。シャッフル、すなわち万物の自然な乱れによって、冷たいところから熱いところに熱が移ることはない。エントロピーの増大は、どこにでもあるお馴染みの無秩序の自然な増大以外の何物でもないのだ。

これが、ボルツマンの理解だった。過去と未来の違いは、運動の基本法則のなかにはない。自然の深遠な原理のなかに存在するわけではないのだ。それは自然な秩序の喪失であり、その結果、状態は個性を失い、特別でなくなる。

これはすばらしい洞察だ。しかも、正しい。とはいえ、これで過去と未来の違いがはっきりしたといえるのか？　いや、単に問題を置き換えただけのこと。こうなると、なぜ時間の二つある方向のうちの片方、わたしたちが過去と呼んでいるもののほうが事物が秩序立っているのかが問題になる。宇宙という名前の一組の巨大なトランプは、なぜ過去に順序立っていたのか。どうして昔はエントロピーが低かったのか。

今かりにエントロピーが低い状態から始まる現象を観察してみるとすると、エントロピーが増大する理由ははっきりしている。なぜなら、カードが混ざることによって、すべての秩序が失われるから。それにしてもなぜ、この宇宙の自分たちのまわりで観察される現象は、エントロピーの低い状態から始まるのだろう。

こうしてわたしたちは重要なポイントに達する。もしも一枚目から二六枚目までのカードがすべて赤で、その後の二六枚がすべて黒なら、そのカードの並びは「特別」、つまり「秩序立っている」ことになる。今、カードをシャッフルすると、この秩序はなくなる。最初の並びは「エントロピーが低い」配置なのである。ただし、元々の配置が特別なのは、赤と黒というカードの色に注目したからだ。色に着目するから特別なのだ。このほかに、たとえば最初の二六枚のカードがすべてハートとスペードでも、特別な配置だといえる。あるいは二六枚目までがすべて奇数だったり、ぼろぼろなカードばかりだったり、三日前とまったく同じ二六枚だったり……または何かほかの特徴があったり。だがよくよく考えると、どの配置も特別だといえる。わたしたちがありとあらゆる細部に目配りすれば、どの配置も唯一無二になる。なぜなら、どの子も母親にとって唯一無二の特別な存在であるように、どの配置にも何かしら、その配置をただ一つのやり方で特徴づけるものがあるからだ。

（たとえば、二六枚の赤のカードの後に二六枚の黒のカードが続くといった）ある配置が別の配置より特別だという認識は、カードの特定の性質（この場合は色）に注目したときにのみ意味をなす。あらゆるカードをとことん細かく区別していくと、すべての配置が同等になり、どれをとってもほかより特別とはいえなくなる。[10]「特別」という概念は、宇宙を近似的なぼんやりした見方で眺めたときに、はじめて生まれるものなのだ。

ボルツマンは、わたしたちが世界を曖昧な形で記述するからこそエントロピーが存在するということを示した。エントロピーが、じつは互いに異なっているのに、わたしたちのぼやけた視界ではその違いがわからないような配置の数〔状態数〕を表す量であることを証明したのだ。

つまり、熱という概念やエントロピーという概念や過去のエントロピーのほうが低いという見方は、自然を近似的、統計的に記述したときにはじめて生じるものなのだ。

しかしこうなると、過去と未来の違いは、結局のところこのぼやけ〔粗視化〕と深く結びついているわけで……。今かりにこの世界の詳細、ミクロなレベルでの正確な状態をすべて考慮に入れることができたら、時間の流れの特徴とされる性質は消えるのだろうか。

消える。事物のミクロな状況を観察すると、過去と未来の違いは消えてしまう。たとえばこの世界の未来は、現在の状況によって定まる――ただしその度合いは、過去が決まるのと同じ程度でしかないのだが。[11] よく、原因は結果に先んじるといわれるが、事物の基本的な原理では「原因」と「結果」の区別はつかない。* この世界には、物理法則なるものによって表される規則性があり、異なる時間の出来事を結んでいるが、それらは未来と過去で対称だ。つまり、ミクロな記述では、いかなる意味でも過去と未来は違わない。+

*＝この点については第一一章でさらにいくつかの詳細を述べる。

+＝熱々のお茶のカップに冷たいティースプーンを入れたときに起きることが、わたしの観点が曖昧かどうかによって違ってくるというのではない。スプーンとその分子に起きることが、こちらの観点といっさい無縁なのは明らかだ。どこからどう見ようと、何かが起きる、ただそれだけ。重要なのは、熱、温度、お茶からスプーンへの熱の移動といった概念を使って記述すると、実際に起きていることを曖昧に見ることになるという点なのだ。そして、このような曖昧な見方をしたときにだけ、過去と未来が明確に異なるものとして立ち現れる。

これが、ボルツマンの業績から導き出されるきわめて衝撃的な結論だ。過去と未来が違うのは、ひとえにこの世界を見ているわたしたち自身の視界が曖昧だからである。この結論には、まさにびっくり仰天だ。わたしが経験している時間の経過、この生き生きしていて基本的で実体を感じられる印象が、自分にはこの世界をとことん細かいところまで把握することができないという事実の帰結でしかないなんて、そんなことがあり得るのだろうか。近眼だから見落としがある、というだけの話だと？　もしも実際に何百万もの分子の踊りを正確に見ることができて、考えに入れることができたなら、過去と未来はほんとうに「同じもの」になるのか。過去に関しても、未来に関する知識——というよりも無知——と同じくらいの知識を持つことになるのか。この世界に対するわたしたちの直感が往々にして間違っていることは認めよう。だがそれにしても、この世界はこんなにも深いところからわたしたちの直感と異なっているのだろうか。

こうなると、時間に対するわたしたちの通常の理解の仕方は根底から覆されることになる。そして、地球が動いていることを発見したときにも匹敵する不信が生じるわけだが、それでもその根拠は、地球の動きと同じように圧倒的だ。時間の流れを特徴づけるすべての現象は、この世界の過去の「特別」な状況——その状況が「特別」なのは、わたしたちの視野が曖昧だから——に由来するものなのだ。

これからさらに、この曖昧さの謎の内部にあえて分け入り、この謎が宇宙の始まりのおよそありそうにない奇妙な事柄とどのように結びついているのかを探っていく。しかしここでは、ボルツマンが完璧に理解していたように、エントロピーが、この世界を見ている自分たちの視野が曖昧なせいで区別できないミクロ状態の個数を示す量でしかない、という驚くべき事実を紹介するにとどめよう。

ウィーンにあるボルツマンの墓には、まさにこの事実を表した式が刻まれている。[12] そしてその下には大理石で作られた、いかにも無愛想で厳格なボルツマンの胸像がある。わたしにいわせれば、決してそのような人物ではなかったはずなのだが。多くの若き物理学者の卵たちがこの墓に詣で、その前にたたずみ、考えにふける――そしてときには、年老いた物理学の教授も。

こうして時間は、「過去と未来の固有の差」というもう一つの重要な性質を失う。ボルツマンは、時間の流れに何ら固有のものがないということを知っていた。それは、過去のある時点での宇宙に関する不可能とも思える不思議な事柄をぼんやりと反映しているにすぎない。

これが、リルケの『悲歌』に登場する「永久《とわ》の流れ」の源なのだ。

弱冠二五歳にして大学の教授に指名され、栄光の頂点では皇帝に招かれて宮廷に参上し、その着想を理解できない学界の大半の人々から激しく批判されたルートヴィヒ・ボルツマンは、熱狂と抑鬱の間で絶えず危なっかしくバランスを取っていた。そしてこの「わたしの愛しいまるぽちゃさん」は、結局、首を吊ってその生涯を終えた。アドリア海のトリエステにほど近いドゥイノで、妻と娘が海水浴をしている最中のことだった。

数年後、リルケは同じドゥイノで、『悲歌』を書くことになる。

第二章

「現在」の終わり

この春の
優しいそよ風によって
動くものとてない季節の
閉ざされた寒さは押し開かれ、
小舟は海へと戻りゆく……
今こそ花冠を編んで、
頭に飾らなくては。

(I,4)

速度も時間の流れを遅らせる

アインシュタインは、質量によって時間が遅れることを理解する[1]一〇年前に、速度があると時間が遅れるということに気づいていた。[2]そしてこの発見は、わたしたちの直感的で基本的な時間の感じ方に壊滅的な結果をもたらした。

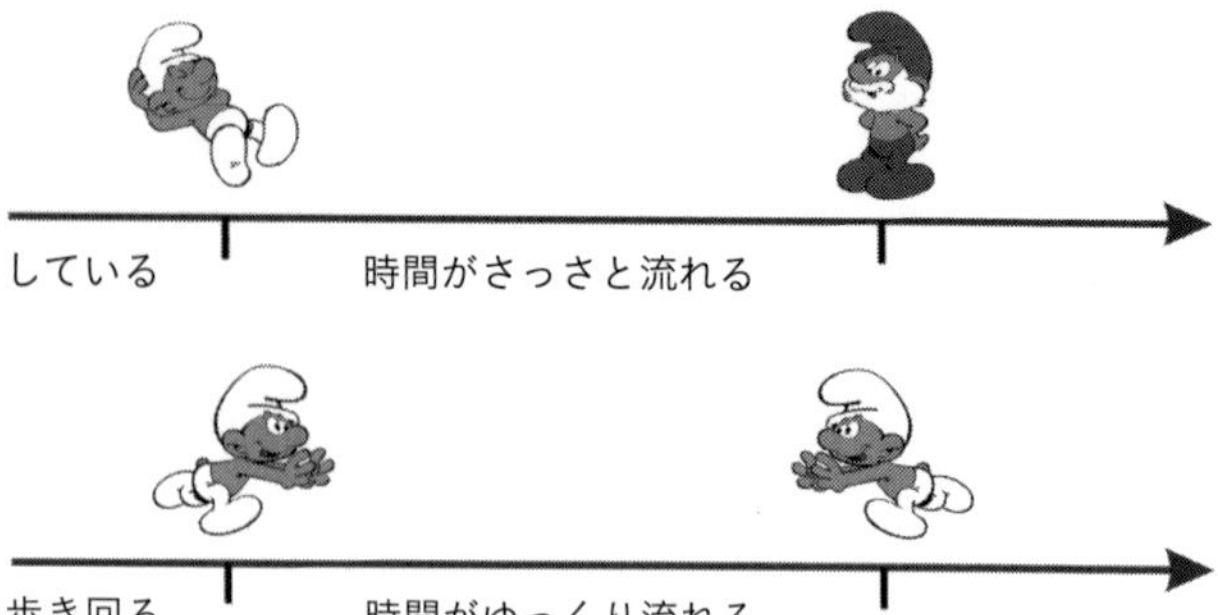
じっとしている
時間がさっさと流れる
前後に歩き回る
時間がゆっくり流れる
［図6］

事はいたって簡単で、二人の友を第一章のように山と平地に送り出すかわりに、片方にはじっとしているように、もう片方には歩き回るように頼む。すると動き続けている人間にとっては、時間がゆっくり進むのだ（図6）。

山と平地の場合と同じように、二人の経験する時間の経過にずれが出て、動いている人間はあまり年を取らず、時計の刻みが遅くなり、考える時間が少なくなり、持ち歩いている植物は発芽するのに時間がかかる。動くものすべてにとって、時間がゆっくり進むのである。

このような動きの影響を実際に目で見るには、うんと速く動く必要がある。この差がはじめて測定されたのは、一九七〇年代のことだった。飛行機に正確な時計を載せたところ[3]、その時計が地上に置かれた時計より遅れたのだ。速度による時間遅延は、今ではさまざまな物理実験によって直接観察することができる。

この場合もアインシュタインには、実際に遅延現象が観察される前から、時間が遅延するということがわかっていた。弱冠二五歳で電磁気学を研究していた頃のことである。しかもその推論は、それほど複雑ではなかった。電気と磁気は、マクスウェルの方程式を使って正確に記述することができる。ところが通常の時間変数 t を含むこれらの方程式には、一つ奇妙な性質がある。というのも、何らかの速度で移動している人の視点に立つと、別の変数 t'[4]を「時間」と呼ぶことにしなければ、これらの方程式が成り立たなくなるのだ（つまり、その人が測定した事象を記述しなくなる）。数学者たちはすでにこの奇妙な性質に気づいていたが[5]、誰もその意味を理解できなかった。ところがアインシュタインはその意味を見抜くことができた。時間 t はわたしが静止しているときの時間、わたしと同じように静止したなかで物事や現象が生じる際の速さを示し、いっぽう t' は「みなさんの時間」、みなさんとともに動きながら物事や現象が生じる際の速さなのだ。t はじっとしている人の腕時計が指す時間で、t' は動いている人の腕時計が指す時間。それまで誰も、止まっている腕時計と移動している腕時計で時間が違うとは思いもしなかったのだが、電磁気学の方程式からこの事実を読み取ったアインシュタインは、それを真剣に受け止めたのだった[6]。

したがって、動いている物体が経験する時間は、静止している物体が経験する時間より短い。腕時計が刻む秒の数は少なく、植物の成長は少なく、若者の夢は短くなるのだ。動いている物体に対しては、時間が縮む。* 場所が異なれば時間が異なるだけでなく、場所を一カ所に限ったとしても、単一の時間は存在しない。時間の経過は、与えられた経路における物体の動きにのみ関係する。「固有時」は、どの場所にいるのか、質量に近いのか遠いのかといったことだけでなく、自分たちがどのような速度で動いているのかによっても違ってくるのだ。

この事実自体もかなり奇妙だが、そこから得られる結果は、もう異常としかいいようがない。さあ、みなさんしっかり捕まって。今から離陸しますよ！

「今」には何の意味もない

「今」、はるか遠くではいったい何が起きているのだろう。たとえば、みなさんの姉が太陽系外惑星プロキシマ・ケンタウリbにいるとしよう。これは最近見つかった惑星で、地球から約四光年離れた恒星のまわりを回っている。そこで質問です。お姉さんは今、プロキシマ・ケンタウリbで何をしていますか。

正解は、「その質問には意味がない」。ちょうど、ヴェネツィアにいながら、「ここ、北京には何がありますか」と尋ねるようなもので、そんな問いにはまったく意味がない。なぜならヴェネツィアにいるときに「ここ」という言葉を使ったら、それはヴェネツィアのどこかであって、北京のことではないのだから。

もしもお姉さんが同じ部屋にいて、「今きみの姉さんは何をしているの？」と尋ねられたら、ふつうは簡単に答えることができる。実際にお姉さんを見ればすむ話で、遠くにいるのなら、電話で何をしているか尋ねればよい。そうはいっても注意が必要で、お姉さんを見るということは、お姉さんから自分の目に届く光を受けるわけだが、光がみなさんのところに届くには、たとえば数ナノ秒〔一ナノ秒は一秒の一〇億分の一〕の時間がかかる。したがってみなさんが目にしているのは、お姉さんが今行っていることではなく、数ナノ秒前に行っていたことなのだ。もしもお姉さんがニューヨークにいて、東京から電話をかけたとすると、お姉さんの声が届くまでに数ミリ秒かかるから、こちらとしてはお姉さんが数ミリ秒前にやっていたことを知るくらいが関の山。まあ、たいした違いはないのだが。

＊＝何に対して「動いている」のか。運動が相対的なものでしかない場合、二つのうちのどちらが動いているのかを決めるにはどうすればよいのか。この問題は多くの人を悩ませてきた。（めったに与えられることのない）正しい答えは次の通り。空間内の二つの時計が分かれた点と、再び合流する点とが同じになるような唯一の基準系に対して、「動いている」。時空〔時空間とも〕のなかの二つの出来事AとBの間には一本だけ直線が引けて、その線に沿った時間は最大、つまり最速で流れる。そしてこの線に対して相対速度があると、時間が遅れる。時計が離れればなれになって二度と合流しなければ、どちらが速くてどちらが遅いかを尋ねることはまるで無意味だが、再び合流すれば比べることができて、各時計の速度はきちんと定義された概念になる。

ところが、みなさんの姉がプロキシマ・ケンタウリbにいるとなると、光が届くのに四年かかる。したがって、望遠鏡でお姉さんを見ようが、無線で連絡がこようが、わかるのは四年前にしていたことであって、「今」お姉さんがしていることではない。プロキシマ・ケンタウリbの「今」は、みなさんが望遠鏡で見ているものや、無線から聞こえてくるお姉さんの声が伝えるものとは決して同じにならないのだ。

それなら、こちらが望遠鏡でお姉さんの姿を確認した四年後にお姉さんがすることが、「今お姉さんがしていること」になるのでは？　いや、そうは問屋が卸さない。望遠鏡で姿が確認されてから、お姉さんにとって四年経ったときには、本人はすでに地球に戻っていて、地球時間でいうと一〇年後の未来になっているかもしれない（まさに！　ほんとうにこういうことがあり得るのだ！）。しかし、未来に「今」が存在することはあり得ない。

あるいは、お姉さんが一〇年前にプロキシマ・ケンタウリbに向けて飛び立つ際に、暦を持参して時間の経過を記録していたとすると、お姉さんの記録が一〇年になったときが「今」になるのでは？　いや、これもうまくいかない。お姉さんが出発してからお姉さんの時間で一〇年が経ったときにはすでに地球に戻っていて、その間にここでは二〇年経っているかもしれない。となると、プロキシマ・ケンタウリbの「今」はいったいいつなのか？

この問いを発することをあきらめるしかない、それが事の真相だ。[7]プロキシマ・ケンタウリ

bには、今ここでの「現在」に対応する特別な瞬間は存在しない。

親愛なる読者のみなさん、どうかここで一息入れて、この結論を十分嚙みしめていただきたい。わたしにいわせれば、これは現代物理学が到達したもっとも驚くべき結論なのだから。

プロキシマ・ケンタウリbにおけるお姉さんの暮らしのどの瞬間が「今」なのかを問うことには意味がない。バスケットボール・リーグでどのサッカーチームが優勝したのかを尋ねるようなもの、ツバメがいくら稼いだか、音符の重さはどれくらいかを尋ねるようなものなのだ。これらの問いは、意味をなさない。なぜなら、サッカーチームはバスケットボールではなくサッカーをするものだし、ツバメが忙しいのは金を稼ぐからではないし、音の重さは量れないのだから。「バスケットリーグの優勝者」と関係があるのはサッカー選手ではなくバスケットボール選手で、金を稼ぐことはツバメではなく人間社会と関係している。「現在」という概念と関係があるのは自分の近くのものであって、遠くにあるものではない。

わたしたちの「現在」は、宇宙全体には広がらない。「現在」は、自分たちを囲む泡のようなものなのだ。

では、その泡にはどのくらいの広がりがあるのだろう。それは、時間を確定する際の精度によって決まる。ナノ秒単位で確定する場合の「現在」の範囲は、数メートル。ミリ秒単位なら、数キロメートル。わたしたち人間に識別できるのはかろうじて一〇分の一秒くらいで、これなら地球全体が一つの泡に含まれることになり、そこではみんながある瞬間を共有しているかのように、「現在」について語ることができる。だがそれより遠くには、「現在」はない。

遠くにあるのは、わたしたちの過去（今見ることができる事柄の前に起きた出来事）だ。そしてまた、わたしたちの未来（「今、ここ」を見ることができるこの瞬間の後に起きる出来事）もある。この二つの間には幅のある「合間」があって、それは過去でも未来でもない。火星なら一五分、プロキシマ・ケンタウリbなら八年、アンドロメダ銀河なら数百万年の「合間」、それが「拡張された現在」[8]なのだ。これは、アインシュタインの発見のなかでももっとも奇妙で重要なものといえるだろう。

宇宙全体にわたってきちんと定義された「今」という概念が存在するというのは幻想で、自分たちの経験を独断で押し広げた推定でしかない。[9]ちょうど虹の足が森に触れるところのようなもので、ちらっと見えたような気がしても、探しに行くと、どこにもない。

惑星間空間で「この二つの石は同じ高さか」と尋ねたとすると、その正解は、「その問いには意味がない。なぜなら宇宙全体にわたる単一の〝同じ高さ〟という概念は存在しないから」ということになる。もしもわたしがみなさんに、二つの出来事が地球とプロキシマ・ケンタウリbで「同じ瞬間に」起きたかどうかを尋ねたら、「その質問には意味がない。なぜなら宇宙全体で定義できる〝同じ瞬間〟なんて存在しないのだから」と答えるのが正しい。

「宇宙の今」という言葉には意味がないのだ。

「現在」がない時間の構造

ゴルゴーという女性は、ペルシア在住のギリシャ人から送られてきた書板の表面を覆う蠟の下に秘密の伝言が隠されていることを見抜き、ギリシャを救った。その伝言には、ペルシアがギリシャを攻撃すると記されていたのだ。ゴルゴーにはプレイスタルコスという息子がいて、プレイスタルコスの父はスパルタの王にしてテルモピュライの戦いの英雄でもあるレオニダス一世なのだが、レオニダスはじつはゴルゴーの父クレオメネス一世の弟、つまりゴルゴーの叔父だった。では、誰がレオニダスと「同世代」なのか。息子であるプレイスタルコスの母のゴルゴーか、それとも父であるアナクサンドリデスの息子のクレオメネスか。わたしのような系図に疎い人のために図で見てみよう（図7）。

世代の構造には、相対性理論によって明らかになったこの世界の時間構造と似たところがあって、クレオメネスとゴルゴーのどちらがレオニダスと「同じ世代なのか」という質問は意味をなさない。なぜなら、「同じ世代」という一義的な概念[10]は存在しないからだ。今かりにレオニダスとその兄クレオメネスは父が同じだから「同じ世代」であり、レオニダスとその妻ゴ

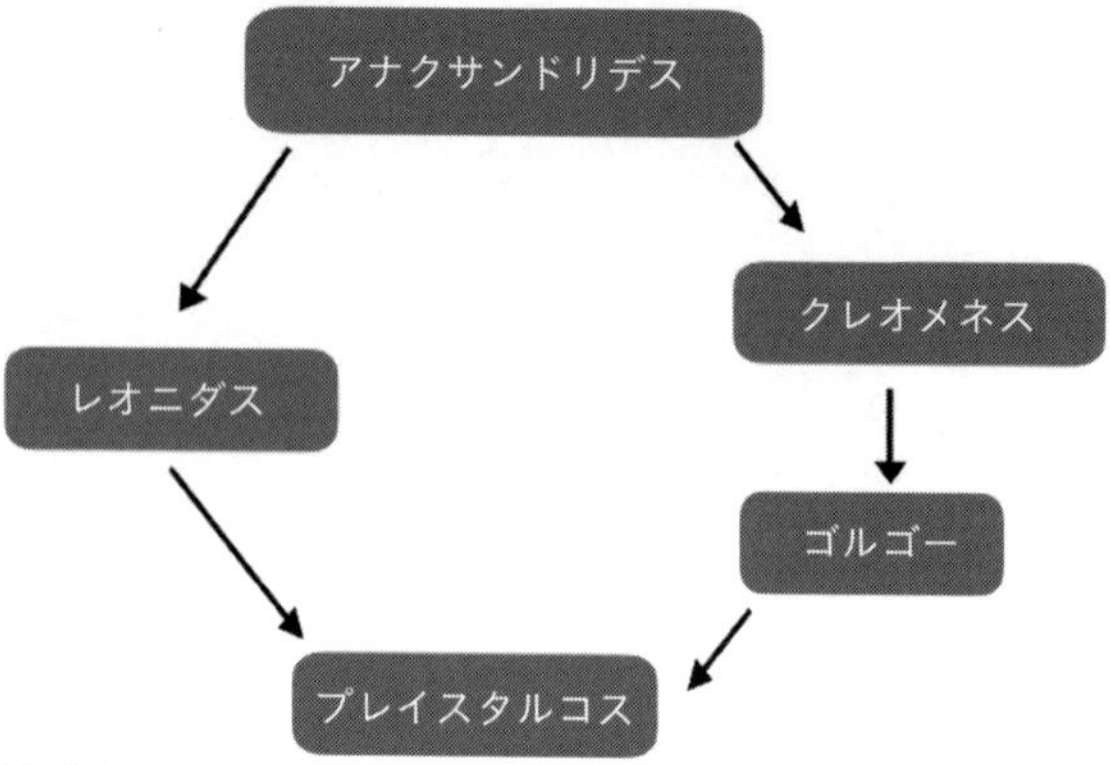

［図7］

ルゴーは息子がいるのだから「同じ世代」だとすると、この「同じ世代」にはゴルゴーとその父が含まれることになる！　親子関係は、人間の間に（レオニダス、ゴルゴー、クレオメネスはアナクサンドリデスの後でプレイスタルコスの前に来る、というふうに）ある順序を確立する。しかしすべての人間の間に順序が確立されるわけではなく、レオニダスとゴルゴーは互いに対して前でも後ろでもないのだ。

数学者たちは、親子関係で確立されるタイプの順序を「半順序」と呼んでいる。半順序によっていくつかの要素の前後関係は確立されるが、すべての要素の関係が確立されるわけではない。人は、親子関係を通して「（全順序ではなく）半順序集合」を形成する。親子関係はある順序（子孫の前、祖先の後）を確立するが、どんな二人をとっても順序が決まるわけではないのだ。この順序がどのように機能するのかは、たとえ

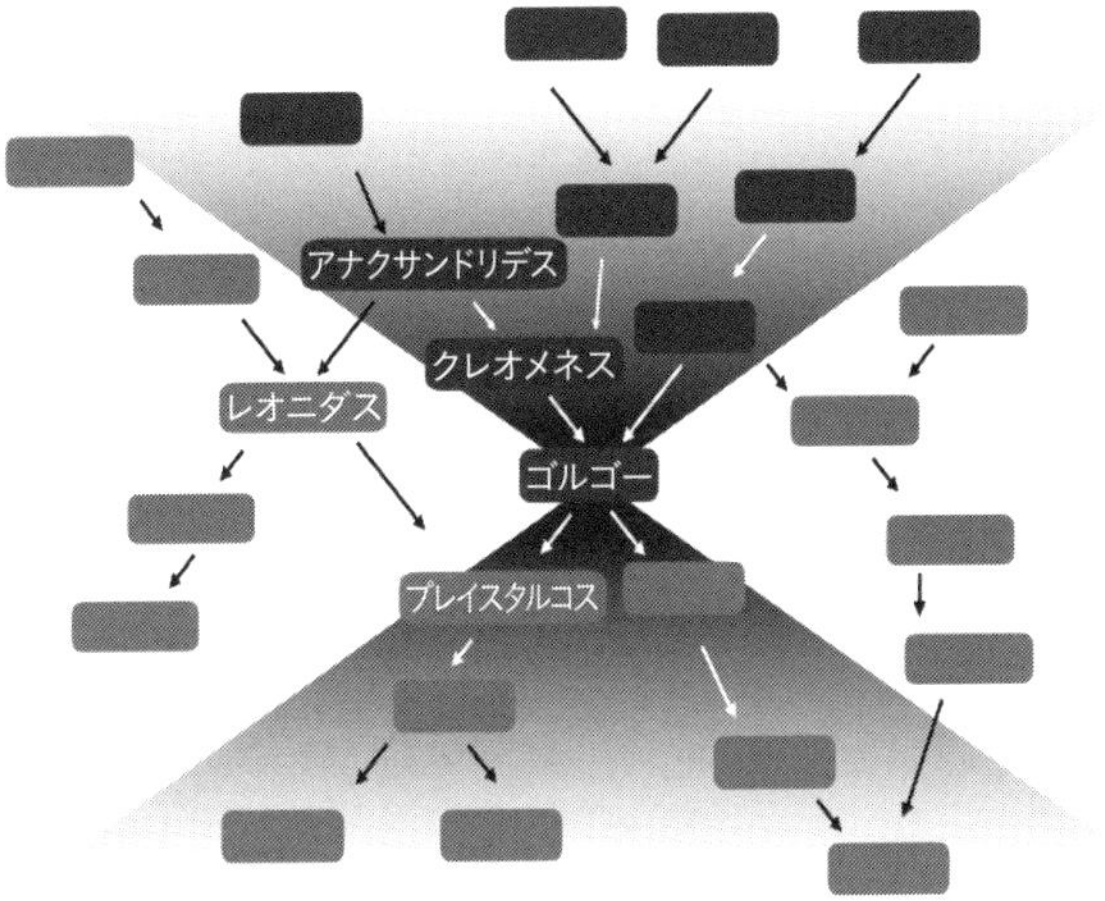

［図8］

ば図8のゴルゴーの系図を見ればよくわかる。

ゴルゴーの祖先からなる円錐形の「過去」があり、子孫で構成される「未来」がある。そして、祖先でも子孫でもない人々はこの円錐形の外側にとどまる。

人類の一人一人に、自分自身の祖先の過去円錐および子孫の未来円錐があって、たとえばレオニダスの円錐とゴルゴーの円錐は図9のようになっている。

宇宙の時間の構造もこれとよく似ていて、やはり円錐になっている。「時間的先行性」という関係は、円錐形の半順序なのだ。[11] 特殊相対性理論は、宇宙の時間構造が親子関係による構造と似ているという発見をもたらした。つまり宇宙の出来事の間には、完全ではない、部分的な順序が定められるのだ。「拡張された現在」は

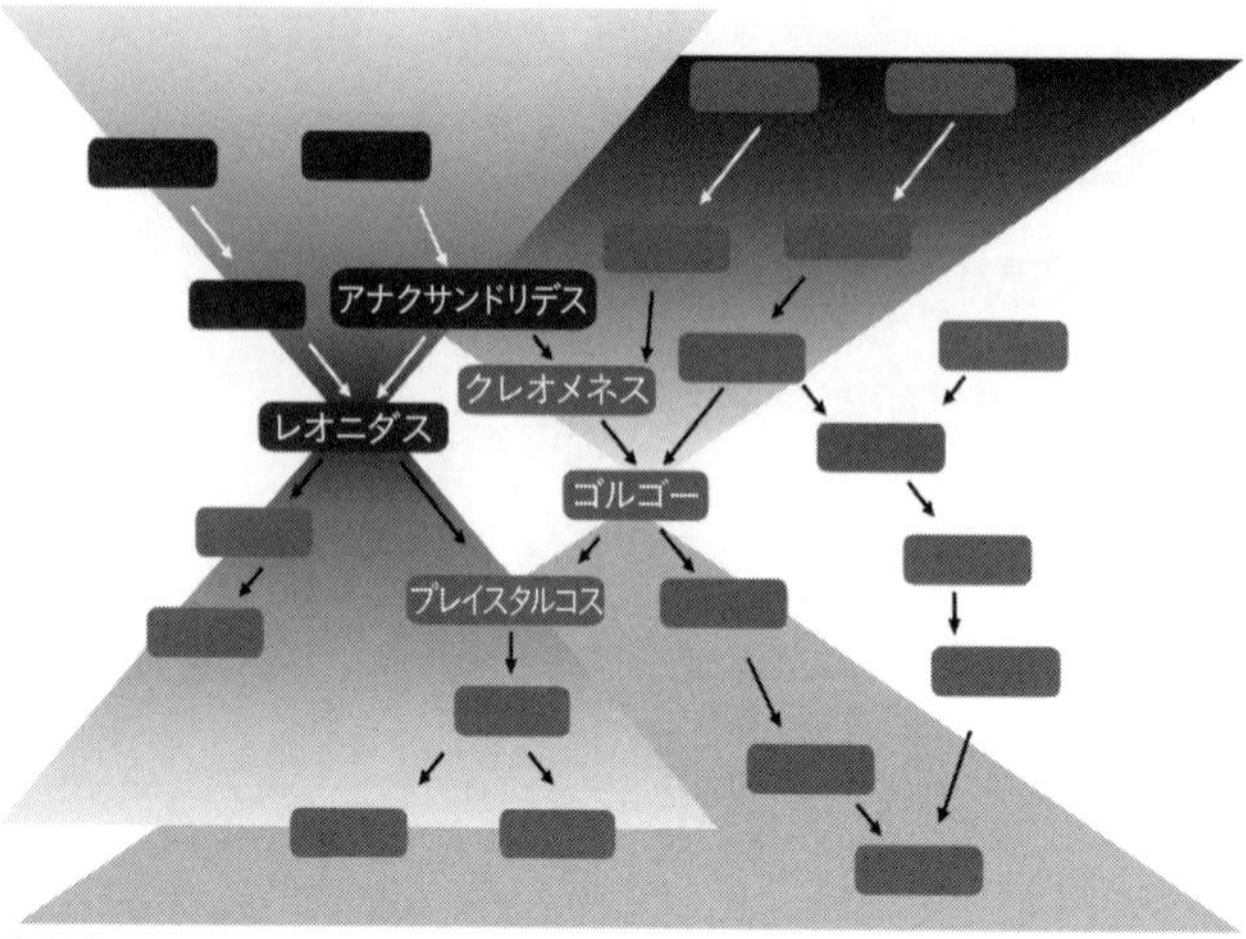

［図9］

過去でも未来でもない出来事の集まりで、わたしたちの子孫でも祖先でもない人々がいるように、確かに存在する。

この宇宙のあらゆる出来事とその時間的な関係を表現しようといくらがんばってみても、もはや図10のように単一の基準で過去と現在と未来を普遍的に区別することはできない。

そうではなく、図11のようにそれぞれの出来事の上下にその未来と過去の出来事の円錐をつけなくてはならないのだ（どういうわけか物理学者の世界には、このような図を描くときに、家系図とは逆に未来を上に過去を下に描く習慣がある）。

どの出来事にもその過去と未来があって、宇宙の一部は過去でも未来でもない。ちょうど一人一人の人間に、祖先と子孫と祖先でも子孫でもない人がいるのと同じだ。

　これらの円錐は、光がその頂点と表面の点を結ぶ直線、つまり母線に沿って進むことから、光円錐《こうえんすい》と呼ばれている。図11のように母線の傾きを四五度とする習慣があるが、図12のようにもっと水平にしたほうが、現実に近い。

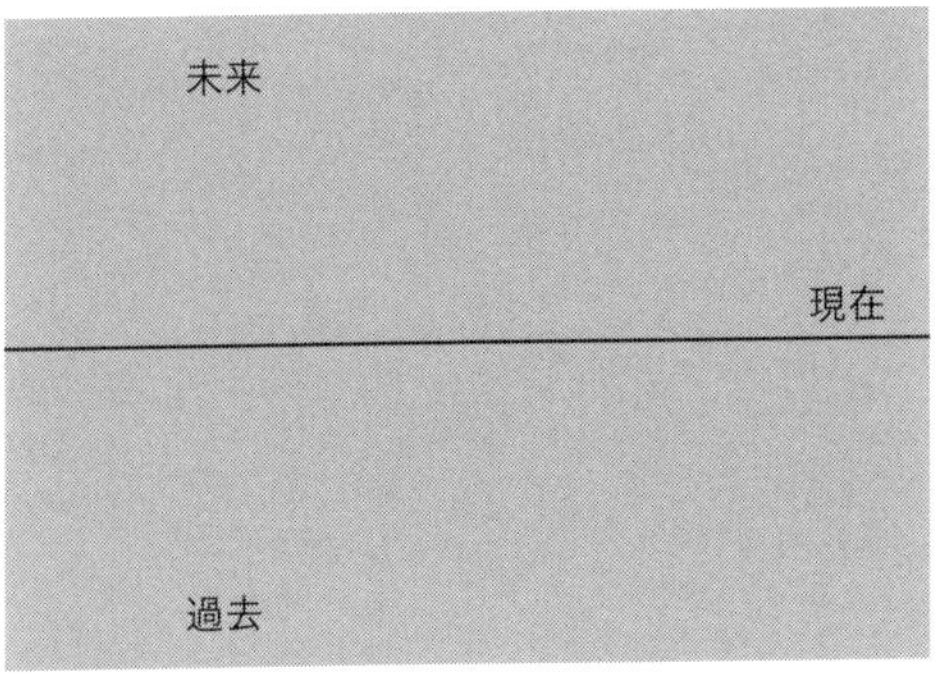

［図10］

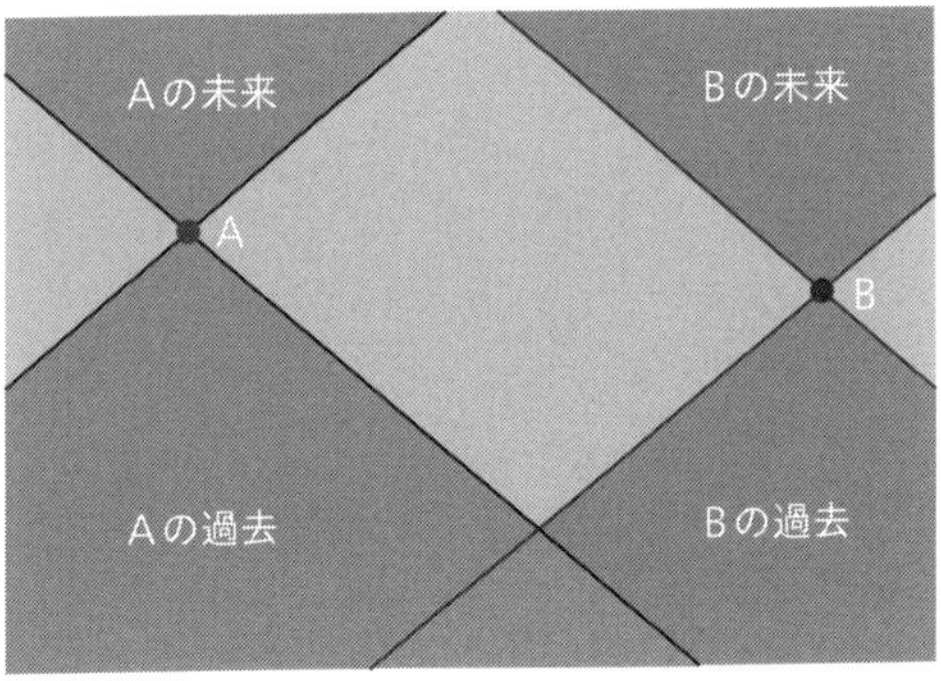

［図11］

　なぜならわたしたちに馴染みのあるスケールでは、過去と未来に挟まれた「拡張された現在」はほんの数ナノ秒で、ほぼ感知できないくらい短く、そのため「押しつぶされて」薄く水平な帯になっているからだ。通常わたしたちはこの帯を、但し書き抜きで「現在」と呼んでいる。

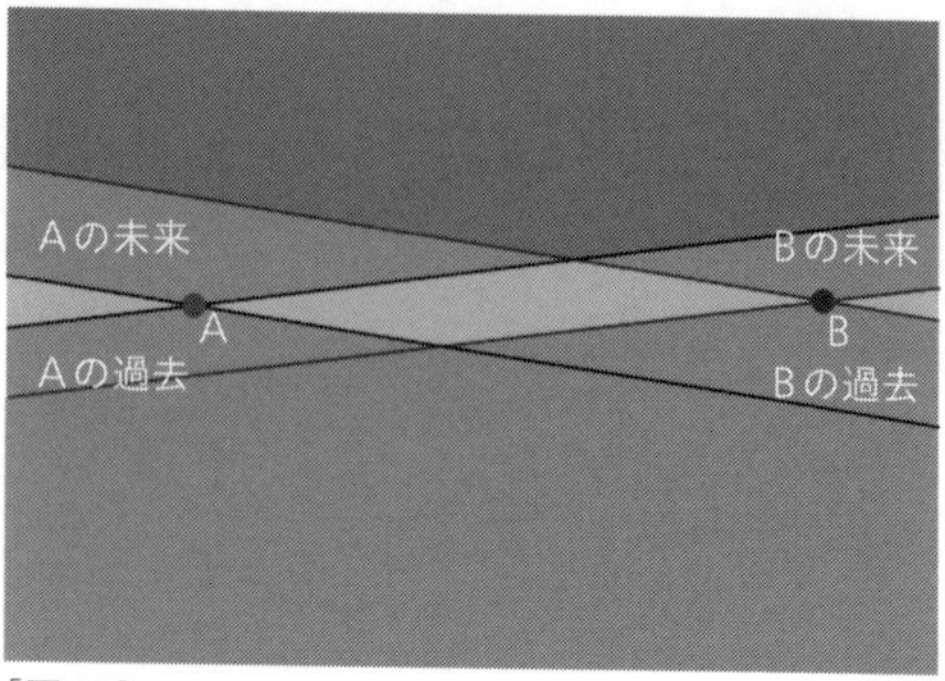

［図12］

［図13］

要するに、共通の現在なるものは存在しない。時空の時間的構造は、図13のような時間の層の積み重なりではなく、たくさんの光円錐によって形作られた図14のような構造なのだ。

これが、アインシュタインが二五歳にして理解した時空の構造である。

さらにその一〇年後、アインシュタインは、時間の流れる速さが場所、つまり質量との距離によっても変わることを突き止めた。つまり、時空は実際には図14のように秩序立っておらず、乱れたり変形したりしている可能性があるのだ。どちらかというと、図15のようになっているらしい。

たとえば重力波が通過すると、これらの小さな光円錐が、風にたなびく小麦の穂のように一斉に左右に揺れる。さらにこれらの円錐が、常に未来に向かいながらも時空の元の点に戻ってくるような構造を作り出すこともあり得る。

図16のように、ある軌跡が絶えず未来に向かいながら、出発点となった出来事に戻るのだ。[12]＊

このことに最初に気づいたのは、二〇世紀の偉大な論理学者でアインシュタインの最後の友人でもあったクルト・ゲーデルだった。プリンストンの小道を二人で散歩していたときのことである。

ブラックホールの近くでは、すべての光円錐がブラックホールの側に傾く[13]（図17）。

なぜなら、ブラックホールの質量があまりに大きいので時間がひどく遅くなって、ついに

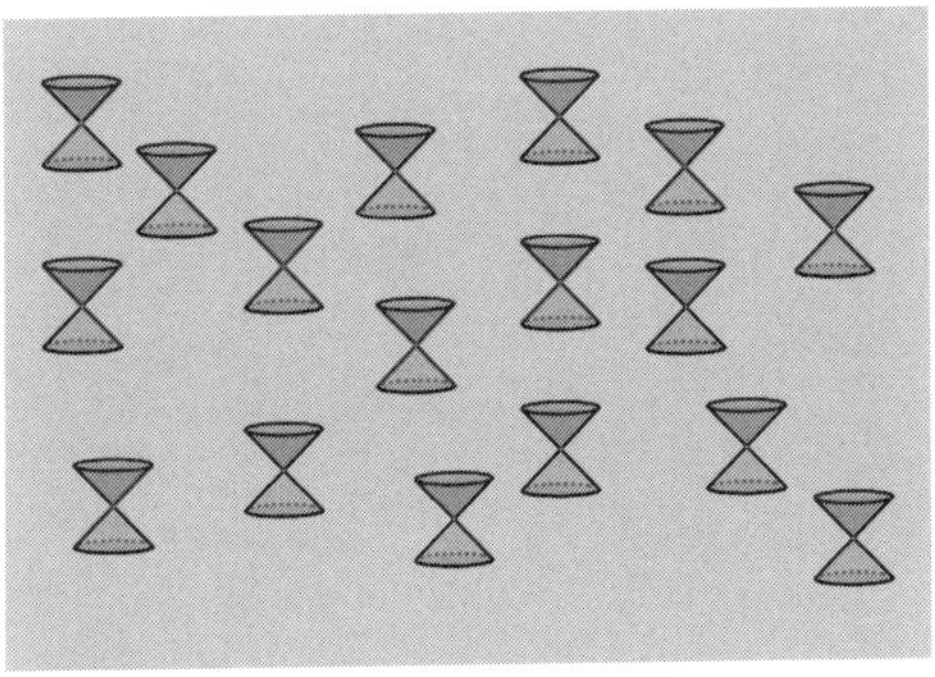

［図14］

［図15］

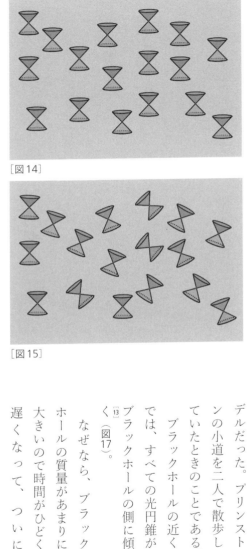

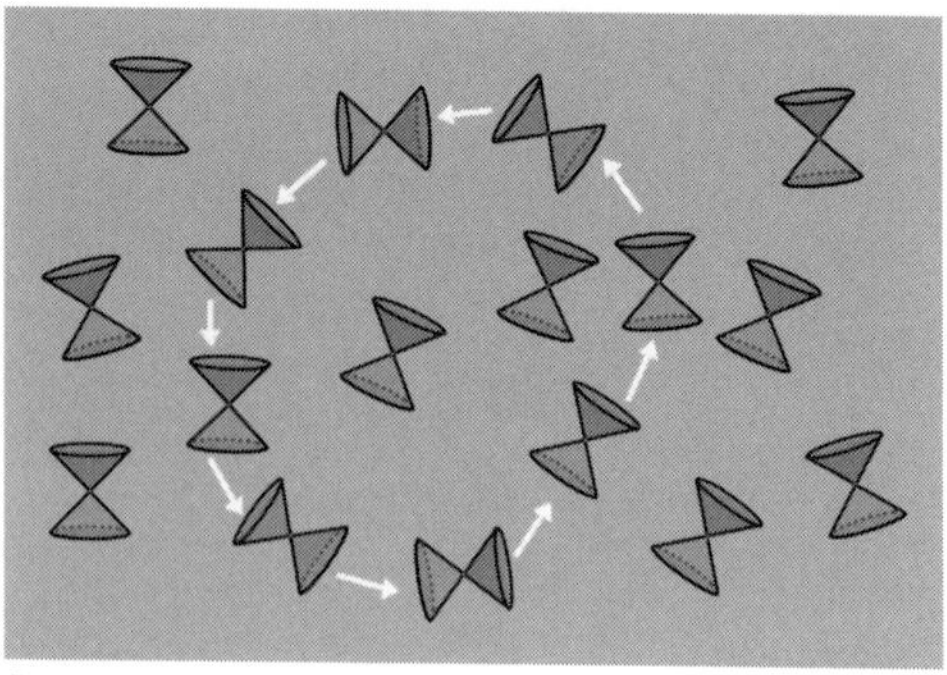

［図16］

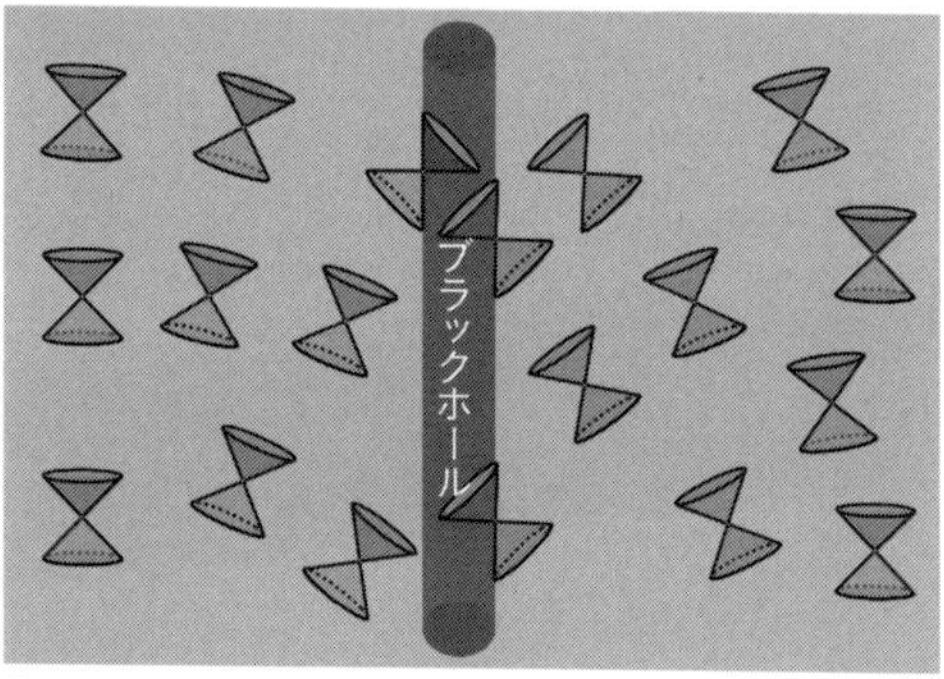

［図17］

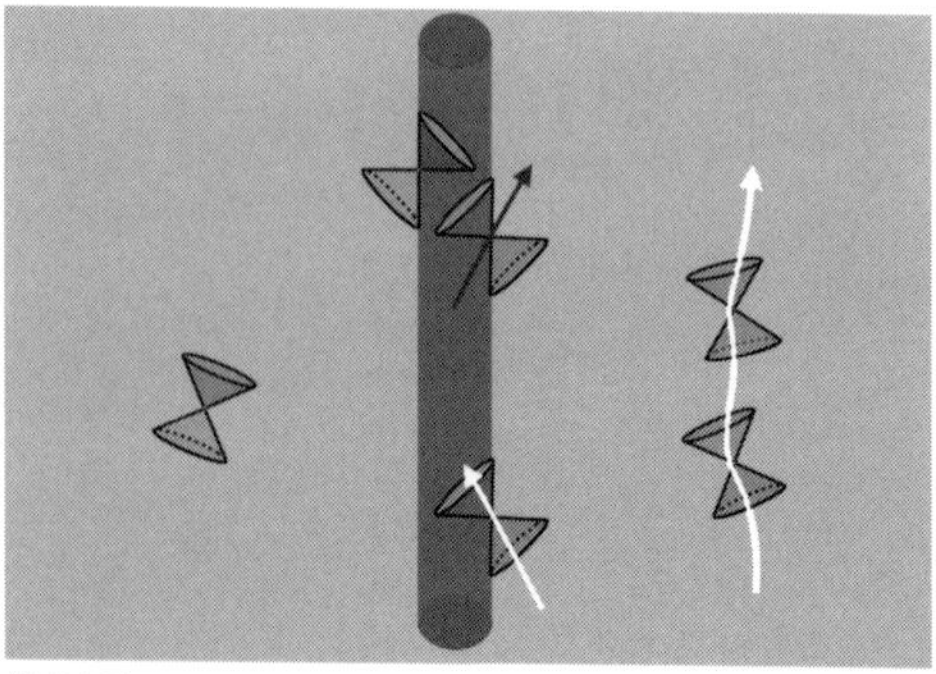

［図18］

（〔事象の〕地平線と呼ばれる）その縁で、時間が止まってしまうからだ。さらによく見ると、ブラックホールの表面が円錐の縁と平行になっていることがわかる。このためブラックホールから出るには、図18の黒い矢印で示された軌跡のように、未来に向かってではなく現在に向かって動く必要がある。

そんな無茶な！　物体は、図の白っぽい軌跡のように、未来に向かってしか動けないものなのに。これがブラックホールというもので、光円錐が内側に傾くために事象の地平線が生じ、未来の空間の一定の領域がまわりのすべてから遮断される。ただそれだけのこと。「現在」の局地的構造が奇妙なことになっているせいで、真っ黒な穴《ブラックホール》が生じるのだ。

「宇宙の現在」が存在しないということが明らかになってから、すでに一〇〇年以上が経った。それでもわたしたちはこの事実にとまどい続けており、未だに直感的に把握することが難しいらしく、時折反抗心に駆り立てられた物理学者たちが、そんなのは嘘だと主張する。[14] 哲学者たちは今も「現在の消失」について議論しており、それをテーマとする会議が多数開かれている。

もしも「現在」に何の意味もないのなら、宇宙にはいったい何が「存在する」のか。「存在する」ものは、「現在に」あるのではないのか？

＊＝「時間的閉曲線」によって未来が過去に戻ると知って、それでは息子が自分の生まれる前に戻って母親を殺せることになってしまうというのでぎょっとする人がいるが、時間的閉曲線、つまり過去への旅という概念からは、論理的な矛盾はいっさい生じない。未来の自由を巡る混乱した幻想によって物事をややこしくしているのは、わたしたちのほうなのだ。

じつは、何らかの形態の宇宙が「今」存在していて、時間の経過とともに変化しているという見方自体が破綻しているのだ。

第四章 時間と事物は切り離せない

そしてこの波を
渡らなければならぬのだ、
地の女神テラの実りを糧とする
このわたしたちは。

（II, 14）

何も起こらないときに、何が起きるのか

ＬＳＤが数マイクログラムもあれば、自分が経験する「時間」を壮大かつ不思議な形で押し広げることができる。[1] アリスが「永遠の長さって、どれくらい？」と尋ねると、白ウサギは「たったの一秒だったりもする」と答える。かと思えば、ほんの一瞬でありながら、すべてが永遠に凍りついているような夢を見たりする。[2] わたしたち個人が経験する時間は、伸縮自在だ。数時間が二、三分のように飛び去るかと思えば、重苦しくゆっくりと流れる数分間が何百年に

も感じられる。

片や時間は、典礼の暦によって組織化されている。キリスト教の復活祭の前には四旬節があり、四旬節の前には聖誕祭がある。イスラム教のラマダーンはヒラル(ラマダーンの新月)で始まり、イード・アル゠フィトル(断食を締めくくる祝宴)で終わる。だがその一方で、神秘的な体験では決まって――たとえば聖体《ホスチア》が聖別される瞬間のように――信徒を時間の外に放り出し、永遠に触れさせる。アインシュタインが否定してみせるまで、わたしたちが時間はどこでも同じ速さで流れていると思い込んでいたのは、一体全体なぜなのか。自分たちが直接経験している時間の経過にもとづいて、時間がどこでも常に同じ速さで経過する、と考えるようになったのでないことは確かだ。では、このような考えはどこから生まれたのか。

わたしたちは長い間、日という単位を使って時間を分けていた。実際イタリア語で時間を表す tempo という単語の起源は、インド゠ヨーロッパ語で「分かつ」を意味する di あるいは dai である。[3] さらにわたしたちは昔から、時間という単位を使って一日を分割してきた。ところがごく最近までは、夏の一時間は長く、冬の一時間は短かった。なぜなら夜明けから日没までを一二時間に分けていたからで、「マタイによる福音書」のブドウ作りの寓話にもあるように、[4] 季節とは無関係に、払暁から最初の一時間が始まり、日没で最後の一時間が終わる。冬より夏のほうが、日の出から日没までに「多くの時間」が過ぎる(と、わたしたち現代人はいう)ので、同じ一時間が夏には長くなり、冬には短くなるのだ。

古代の地中海周辺や中国には、すでに日時計や砂時計や水時計があったが、現在の時計のように人々の生活を組織するうえで決定的な役割を果たしていたわけではない。ヨーロッパの人々の暮らしが機械的な時計によって律せられるようになったのは、一四世紀頃のことだった。ちょうどその頃に、町や村が教会を作り、その傍らに鐘楼を建てて、そこに人々の集団としての活動リズムを刻む時計を据えたのだ。こうして、時計仕掛けの時代が始まった。

時間は次第に天使の手から滑り落ち、数学者の手中に収まった。このことは、ストラスブール大聖堂の時計からもはっきりと見て取れる。この大聖堂には二つの日時計があるが、一二〇〇年代に作られた日時計を模したものは天使に支えられ（図19）、一四〇〇年代の終わりに据えられたものは数学者に支えられている（図20）。

時計が役に立つのは、まったく同じ時間を刻むからであるはずだ。ところがこのような考え方も、じつは案外新しい。何百年もの間、旅行といえば馬か馬車か徒歩だった時代には、ある場所と別の場所の時計を同期させる理由はまったくなかった。それどころか、同期させない正当な理由があった。正午とは、定義からいって太陽がもっとも高いところにある瞬間のことである。当時はすべての町や村に、太陽が中天に来る瞬間を確認するための日時計があって、それを用いて鐘楼の時計を調整していた。しかしレッチェ〔イタリアの南東部〕とヴェネツィア〔同、北東部〕

［図19］

［図20］

とフィレンツェ（同、中央部）とトリノ（同、北西部）では、同じ瞬間に太陽が中天に来るわけではない。なぜなら太陽は東から西に動いているからで、たとえばまずヴェネツィアで正午になり、かなり経ってからトリノで正午になる。そのため長い間、ヴェネツィアの時計はトリノの時計よりたっぷり半時間進んでいた。小さな村の一つ一つに独自の「時間」があったのだ。さらにパリの駅の時間は独特で、旅人たちに配慮して、街のほかの場所より少し遅らせてあった。[5]

　一九世紀になって電信が登場し、列車が普及して速度も増すと、異なる都市の時計を正確に同期させる必要が出てきた。駅ごとに時の刻みが違っていたのでは、時刻表を作りにくい。最初に時間を標準化しようとしたのは、アメリカ合衆国だった。当初は世界全体に共通の、普遍的な唯一の時間を定めようとした。たとえば、ロンドンで正午の瞬間を「一二時」と呼ぶことにすると、ロンドンの正午は一二時で、ニューヨークの正午は一八時になる。しかしこの提案は歓迎されなかった。なぜなら誰もが地元の時間に愛着を持っていたからだ。結局一八八三年に、全世界を標準時間帯に分けるという妥協案が成立することになった。つまり、各標準時間帯のなかだけで時間を標準化するのである。これなら時計の一二時とローカルな正午との食い違いは、最大でも三〇分ほどですむ。この提案は世界のほかの地域にも徐々に受け入れられてゆき、こうして異なる都市の時計が同期するようになった。[6]

若きアインシュタインが大学に職を得る前にスイスの特許事務所に勤め、鉄道駅の時計の同期を巡る特許を扱っていたことは、決して単なる偶然ではない。おそらくそのなかで、時計の同期問題が最終的には解決不可能であることに思い至ったのだろう。

つまりアインシュタインは、人々が時計を同期させることに合意してからほんの数年で、時計を正確に同期させることは不可能だと悟ったのだ。

時計が登場するまでの何千年もの間、時間の規則正しい尺度はただ一つ、昼と夜の交代だけだった。昼夜のリズムは植物や動物の生活をも律しており、日周リズムは自然界の至る所に存在する。このリズムは生命に欠かせないもので、わたし自身は、地球上に生命が発生する際にも重要な役割を果たしたのではないかと考えている。おそらく、ある仕組みを動かすための振動の役割を果たしたのだろう。生命体には時計がたくさんつまっている。分子の時計、ニューロンの時計、化学時計、ホルモンの時計と、その種類もじつに多様で、これらすべてが大なり小なりほかの時計と調和している。[7] 単一細胞の生化学にすら、二四時間のリズムを刻む化学的なメカニズムがある。

日周リズムは、わたしたちの時間の概念の基本的な源である。夜の次には昼が来て、昼の次には夜が来る。わたしたちはこの偉大な時計の刻み、つまり日にちを数える。古代の人々は、時間というものを何よりもまず日にちの勘定として意識していたのだ。

ヒトはさらに、日にちだけでなく、年を、季節を、月の周期を、振り子の揺れを、さらには砂時計をひっくり返す回数を数えてきた。このように、昔から事物が変化する様子を数えることによって、時間について考えてきたのである。

わたしたちの知る限り、「時間とはなんぞや」という問いに最初に思いを巡らしたのは、アリストテレスだった。そしてアリストテレスは、時間とは変化を計測した数であるという結論に達した。事物は連続的に変わっていくのだから、その変化を計測した数、つまり自分たちが勘定したものが「時間」なのだ。

アリストテレスのこの考えは理に適《かな》っている。「いつ」を問うとき、わたしたちは時間に注目している。「いつ戻るのか」とは、「どれくらい時間が経ったら戻るのか」という意味だ。そして「いつ」という問いへの答えとして、何が起きるかを述べることになる。「三日のうちに戻る」といえば、出発から帰着までに太陽が三度空を巡るということなのだ。じつに単純明快だ。

では、今かりに何も変わらなければ、何も動かなければ、時間は経過しないのか。

アリストテレスは、経過しないと考えた。何も変わらなければ、時間は流れない。なぜなら時間は、わたしたちが事物の変化に対して己を位置づけるための方法、勘定した日にちと関連づけて自分たちの位置を定める手段なのだから。時間は変化を計測したものであって[8]、何も変化しなければ、時間は存在しない。

だとすれば、沈黙のなかでわたしたちが耳を澄ます時の流れとは、いったい何なのか。アリストテレスは『自然学』という著書で、「暗闇では、わたしたちの身体は何も経験しない」と述べている。「しかし心のなかで何かが変化すれば、すぐに時間が経過したと感じる」[9]。つまり、自分自身のなかを流れていると感じられる時間も、動き――自らの内面の動き――を計測したものなのだ。何かが動かなければ、時間は存在しない。なぜなら時間は動きの痕跡でしかないのだから。

これに対してニュートンは、まるで逆のことを考えた。

ニュートンの代表作である『プリンキピア』には、次のように記されている。

わたしは時間を……誰もがよく知っているような形では定義しない。しかしそれでも、この時間という量が一般に感じ取れる事物との関係でしか理解されていない、ということは指摘しておくべきだろう。そこからさまざまな先入観が生じるわけで、それらを取り除くには、絶対的な時間と相対的な時間、真の時間と見かけの時間、数学的な時間と日常的な時間を区別したほうが具合がよい。[10]

要するにニュートンは、日にちや動きを計測した値である「時間」、アリストテレスの論じた（見かけの、相対的な、日常の）時間が存在することを認めている。そのうえで、同時にもう一つ別の時間、どんな場合にも経過する「本物の」時間、事物そのものや事物が生じるかどうかとはまったく無関係な時間が存在するはずだと主張する。そして、かりに何の動きもなく、わたしたちの魂が凍りついたとしても、この時間はいっさい影響を受けることなく平然と流れる、というのだ。まさに、アリストテレスとは正反対の主張である。

ニュートンによると、「ほんとうの」時間をじかに得ることはできない。それは計算を通してのみ得られる間接的なものであって、日にちなどで示される時間とは異なる。なぜなら「自然な一日は、継続する長さが互いに等しくないからだ。実際には、広く同じと考えられているのだが。このため天文学者たちは、天体の動きにもとづく正確な演繹を行って、この変動を修

［図21］アリストテレス「時間は変化を計測した数でしかない」

［図22］ニュートン「何も変化しなくても経過する時間が確かにある」

正する必要がある」[11]。

はたしてどちらが正しいのか。アリストテレスなのか、ニュートンなのか。人類史上自然に関する問題をもっとも深く精密に掘り下げた二人の人物が、こと時間に関しては、まったく逆の見方を示している（図21・22）。この二人の巨人は、わたしたちを正反対の方向に引っ張っているのだ[12]。

時間は、アリストテレスのいうような、事物の変化の様子を測る方法の一つでしかないのか、それともニュートンのいうような、事物とは独立にそれ自身として流れる絶対時間が存在すると考えるべきなのか。ほんとうは、「時間を巡るこの二つの考え方のうちで、この世界をよりよく理解するのに役立つ考え方はどちらなのか」と問うべきなのだろう。どちらの概念枠組みがより的確なのか、と。

数百年の間、軍配はニュートンに上がっているように思われた。なぜなら「事物とはまったく無関係な時間」という概念にもとづくニュートンのモデルのおかげで近代物理学を構築することができたからで、その物理学はひじょうにうまく機能した。こうして、時間は揺るぎなく一様に流れる実体として確かに存在する、と考えられるようになった。ニュートンの方程式は時間のなかで事物がどう動くかを記述しており、そこには文字tで表される時間が含まれている。[13] では、この文字tはいったい何を意味しているのか。夏には長く区切られ、冬には短く区切られた時間を指しているのか。そうでないことは明らかだ。このtが指しているのは「数学的で絶対的な真の」時間、ニュートンが、変化する事物や動く事物とは独立に流れていると考えた時間なのだ。

ニュートンにとっての時計は、永遠に不正確さが残るにしても、このような一様で等しい時間の流れを追うための装置だった。ニュートンによると、「数学的で絶対的な真の」時間を知覚することはできない。それは、現象の規則性にもとづき、計算と観測によって演繹するしかないものなのだ。ニュートンの時間は、わたしたちの感覚がもたらす痕跡ではなく、優美で知的な構築物なのである。親愛なる教養豊かな読者のみなさんが、もしも今、「事物とは無関係な時間」というこのニュートン流の概念が存在することが自然で単純な話だと思われているとしたら、それは、学校ですでにこの概念に出合っているからだ。この概念は、徐々にわたしたち全員の見方となった。世界中の学校の教科書を通じてわたしたちに浸透し、やがて広く時間を理解する術となり、ついには常識となった。だが、事物やその動きから独立した一様な時間が存在するという見方が、いくら今日のわたしたちにとって自然なことに思えたとしても、それは、太古からの人類の自然な直感ではなかった。ニュートンが考えたことだったのだ。

実際、ほとんどの哲学者がこの考え方を否定しようとした。ニュートンが考えたことに怒りに満ちたライプニッツが猛反撃を行ったことは、今もよく知られている。ニュートンに対して、時間は出来事の順序でしかなく、自立的な実体としての時間は存在しない、という従来の考え方を擁護したのだ。伝え聞くところによると、ニュートンの絶対時間が存在しないという信念の証として、自分の名前からわざと t という文字を落としたという――Leibniz という名前は、未だに t を含む Leibnitz と綴られることがあるのだが[14]。

ニュートンが登場するまで、人類にとっての時間は事物の変化を測定するための方法だった。それまで誰も、時間が事物と無関係に存在し得るとは考えていなかったのだ。みなさんも、どうかご自分の直感や考え方が「自然だ」と思わないようにしていただきたい。それらは、前の時代の厚かましい思索家たちの着想の産物でしかないことが多いのだから。

それにしても、アリストテレスとニュートン、この二人の巨人のうちでほんとうに正しかったのは、ニュートンだったのか。ニュートンが導入し、全世界にその存在を納得させた「時間」、ニュートンの方程式ではみごとな働きをしながらも、わたしたちが知覚するのとは異なることの「時間」とは、正確には何なのか。

この二人の巨人の挟み撃ちから抜け出して、奇妙なやり方で二人を和解させるには、第三の巨人が必要だった。だがその人物について述べる前に、ここで少し空間を巡る脱線をしよう。

何もないところに、何があるのか

時間に関する二つの解釈（アリストテレスが追い求めた、出来事との関係で「いつ」を判断するための手がかりと、ニュートン流の何も起きなくても流れる実在）は、空間にも当てはまる。「いつ」を尋ねれば時間の話になるが、「どこで」を尋ねると空間の話になるのだ。もしもわたしが、「コロセウムはどこにあるのか」と尋ねたら、たとえば「ローマにある」という答えが返ってくる。そして、「きみはどこにいるのか」と尋ねたら、たとえば「家に」という答えが返ってくる。「何々はどこにあるのか」という問いに答えようとすると、「何々」のまわりにあるもの、その「何か」の周囲の別のものを指し示すことになる。もしもわたしが「サハラにいる」と答えたら、みなさんは砂丘に囲まれたわたしの姿を思い浮かべることだろう。

アリストテレスは「空間」、つまり「場所」の意味をはじめて深く鋭く論じ、正確に定義した人物だった。その定義によれば、ある事物の場所とは、それを囲んでいるもののことである。[15]

ニュートンはここでも、別の見方をすべきだと主張した。ニュートンにいわせると、アリストテレスが定義した空間、つまり問題の事物を取り巻くものの一覧は「日常的で相対的な見せかけのもの」だった。空間そのものは「絶対的で数学的な真のもの」、何もないところにも存在するものだというのである。

アリストテレスとニュートンの違いは一目瞭然。ニュートンによると、二つの物体の間にも「空っぽな空間」があるはずだった。アリストテレスによると、「空っぽな」空間について語ることはナンセンスだった。なぜなら、空間は物体の順序でしかないのだから。物がなく、物の延長も接点もないのであれば、空間は存在しない。いっぽうニュートンは、さまざまな事物は「空間」のなかに置かれていて、その空間はたとえすべての事物が取り去られて空っぽになったとしても存在し続けると考えた。アリストテレスにすれば、そのような「空っぽの空間」は意味をなさなかった。なぜなら、もしも二つの事物が触れ合っていないのなら、その間には別の何かがあるはずで、かりにそこに別の何かがあるとすれば、その何かは物であって、何かが存在することになるからだ。そこに「何も存在しない」ということはあり得ない。

わたしとしては、空間を巡るこの二つの考え方が、いずれもわたしたちの日常の経験に端を発しているという点に興味を引かれる。しかもその差を生み出しているのはわたしたちが暮らすこの世界の奇妙な偶然、すなわち「空気が薄いので、わたしたちはその存在にかろうじて気づく程度である」という事実なのだ。たとえば「テーブルが一つ見える」という言い方ができる。つまり、いすが一脚、ペンが一本、天井があって、それらと自分の間には何もないといえる。ところが、テーブルと自分の間に空気があるともいえる。空気に関しては、それが物であるかのように話すこともあれば、物ではないかのように話すこともある。そこにあるものとして語ってみたり、そこにはないものとして語ってみたり……。コップが空気でいっぱいだというかわりに、「このコップは空っぽだ」ということに慣れているのだ。自分たちのまわりの世界を、物があちこちにばらばらとあるだけの「ほぼ空《から》」だと考えることもできれば、空気で「完全にいっぱい」だと考えることもできる。結局のところ、アリストテレスとニュートンは、形而上学に関する深遠な論戦をしたわけではなく、わたしたちがまわりの世界を見る際の、これら二つの直感的で巧みな見方——空気を考慮に入れるか入れないか——を駆使して、そこから空間の定義を引き出しただけなのだ。

古今東西の首席《トップ》ともいうべきアリストテレスは、とにかく正確であろうとした。コップが空だというかわりに、空気でいっぱいだと主張し、わたしたちの経験のどこにも「何もない、空気すらない」場所はないと述べている。ニュートンは、事物の動きを記述するために構築する概念のパラダイムでは、正確さより有効性を求めるべきだとして、空気ではなく対象のことを考えた。空気は、全体としてみれば落ちていく石にほぼ影響を及ぼさないようだから、そこに存在しないと考えてよいだろう。

時間の場合と同じように、ニュートンの「入れ物としての空間」はわたしたちには自然に感じられるが、じつはこれも最近登場した考え方で、それがここまで広まったのは、ニュートンの考えが大きな影響を及ぼしたからだ。今わたしたちには直感のように感じられる見方も、じつは過去に科学や哲学が作り出したものなのだ。

ニュートン流の「空っぽな空間」という概念が正しいことは、瓶のなかから空気を取り除くエヴァンジェリスタ・トリチェリの実験によって裏付けられたように見えた。ところがすぐに、瓶のなかに電場や磁場や絶えず飛び回る素粒子などのさまざまな物理的実体が残っていることが明らかになった。空間以外のいかなる物理的実体も存在しない不定形の完璧な虚空、「数学的で絶対的な真の」空間は、どこまで行ってもニュートンが自身の物理学の基礎として導入したみごとな理論的概念でしかなかった。なぜなら、実験による証拠がどこにもなかったからだ。この見方はたしかにみごとな仮説、もっとも偉大な科学者の一人が到達したじつに深遠な洞察なのかもしれないが、それにしても、事物が構成する現実に実際に対応しているものなのか。ニュートンの空間はほんとうに存在するのだろうか。存在するとして、実際に不定形なのか。何も存在しないところに、それでも空間は存在し得るのか。

この問いは時間に関する問い、ニュートンの「数学的で絶対的な真の」時間、何も起こらなくても流れる時間ははたして存在するのか、という問いと対をなしている。そのような時間がかりに存在するとして、それはこの世界の事物とまるで異なるのか。そこまでこの世界の事物から独立しているのか。

これらすべての問いの答えを得るには、この二人の巨人の一見矛盾する見方を意外な形で統合しなければならなかった。そしてそれをなし遂げるには、この二人の巨人によるダンスに第三の巨人が加わる必要があったのだ。*

三人の巨人によるダンス

アインシュタインのもっとも重要な業績、それはアリストテレスの時間とニュートンの時間の統合である。これこそが、その思索の珠玉の成果なのだ。

この二つを統合すると、ニュートンがその存在を直感した時間や空間が、具体的な物質を超えたところに実在する現実になる。時間と空間は、現実のものなのだ。ただし決して絶対的ではなく、生じる事柄からは独立していない。ニュートンが思い描いていた「この世界のほかの実体とは別のもの」ではないのだ。今、この世界の物語を描くために、偉大なるニュートン流のキャンバスを考えることは可能だ。ただしこのキャンバスは、この世界のほかのものと同じ素材、石や光や空気を構成しているのと同じ材料でできている。

物理学者たちが「場」と呼ぶその素材は、わたしたちの知る限りでは、この世界の物理的な現実の編み地を構成している。なかには風変わりな名前がついた場もあって、たとえば「ディラック場」はテーブルや星の素材、「電磁場」は光を織り上げている素材で、電気モーターを回したりコンパスの針に北を指させたりする力の源でもある。ところが――ここが重要なのだが――さらに「重力場」というものが存在する。この場は重力の源であるとともに、ニュートンの空間や時間を織りなす素材、この世界のほかのすべてのものを描くための布地でもある。時計はその布地の広がりを測るための装置であり、長さを測るための計器は、その布地の広がりの別の側面を測る素材の一部なのだ。

＊＝これまでわたしは、まるでいくつかの聡明な頭脳から湧き出た着想だけで科学の歴史が形作られてきたかのように語っている、と非難されてきた。実際には、何世代にもわたる辛い作業の積み重ねによって形成されてきたものなのに。この批判はじつにまっとうだ。だからわたしとしては、ここで科学の進展に欠かせない作業を行ってきた人々と、現在そのような作業を行っている方々にお詫びをしておきたい。一つだけ釈明をするとしたら、自分としては歴史の詳細な分析や科学の方法論を語るつもりはなかった、ということに尽きる。ただ科学の歴史の鍵となった歩みをまとめているにすぎないのだ。無数の画家や職人の工房による技術や芸術や文化の緩慢な進展なくして、ヴァチカンのシスティーナ礼拝堂は存在し得なかった。けれどもその礼拝堂に最後に絵を描いたのは、ミケランジェロだったのだ。

時空は重力場である。そしてその逆もいえる。ニュートンが直感したように、この場は、物質がなくてもそれ自体として存在する。しかし、ニュートンの主張にあるようなこの世界のほかの事物と異なる実在ではなく、ほかの事物と同じ「場」なのだ。世界はキャンバスの上に描かれた絵ではなく、キャンバスや層が重ね合わされたもので、重力場もそれらの層の一つなのである。重力場もほかの場と同様、絶対ではなく、一様でもなく、固定されているわけでもない。しなやかで、伸びたり、ほかのものとぶつかったり、押したり引いたりする。物理学の方程式は、すべての場が互いに及ぼし合う影響を記述する。そして時空も、そのような場の一つなのだ。*

重力場はまた、まっすぐな平面と同じようになめらかで平たい場合もあり、ニュートンが記述したのはそのような重力場だった。そのような場を計器で測ると、学校で習うユークリッド幾何学を使えることがわかる。しかし重力場は波のようにうねることもあって、その場合は重力波と呼ばれるものになる。重力場は、伸びたり縮んだりすることができるのだ。

第一章で、質量の近くでは時計が遅れるという話をしたのを覚えておいでだろうか。あの時計が遅れたのは、厳密にいうとそのあたりの重力場の値が「小さい」〔計量テンソルの00成分が小さくなる〕からだ。そしてそこでは、時間の経過も少ない。

重力場が形作っているキャンバスは伸び縮みする巨大なシートのようなもので、引っ張ったり伸ばしたりできる。そうやって伸びたり曲がったりすると、重力が生じて物が落ちる。こう考えたほうが、従来のニュートンによる重力理論よりうまく説明がつく。

第一章の高いところと低いところでの時間の経過の説明図（図1）を、もう一度見ていただきたい。ただし今度は、この図が描かれている紙自体が伸びたり縮んだりすると考える。紙そのものを、山の上の時間が長くなるように引き延ばすのだ。すると図23になる。この図にも空間（垂直方向の高さ）と時間（水平方向）が表示されているが、この場合は、山の上の「長い」時間が図に描かれた水平方向の長さとみごとに対応している。

この図が表しているのは、物理学者たちのいう「曲がっている」時空なのだ。「曲がっている」のはゆがんでいるからで、ちょうど伸縮性のシートを引っ張ったときのように、距離が伸

＊＝アインシュタインがこのような結論に至るまでの道のりはひじょうに長かった。一九一五年には重力場の方程式を書き下していたが、それで終わりではなく、それらの方程式の物理的な意味を理解しようと四苦八苦して、再三再四考えを変えることになった。とくに物質が存在しない場合の解（物質が存在せず、真空の暗黒エネルギーだけで膨張するような解）の存在と重力波が現実のものか否かについては大いに混乱し、晩年の論文、特に補遺五の「相対性理論と空間の問題」でようやく明快な最終形にこぎ着けたのだった。この補遺は、『特殊および一般相対性理論について（*Über die spezielle und die allgemeine Relativitätstheorie*）』（1920）の第一五版（1954）に加えられたもので、http://www.relativitybook.com/resources/Einstein_space.html で読むことができる。版権上の理由により、この補遺を含む版は稀である。この点を巡るさらに深い議論は、拙書『量子重力（*Quantum Gravity*）』を参照されたい。

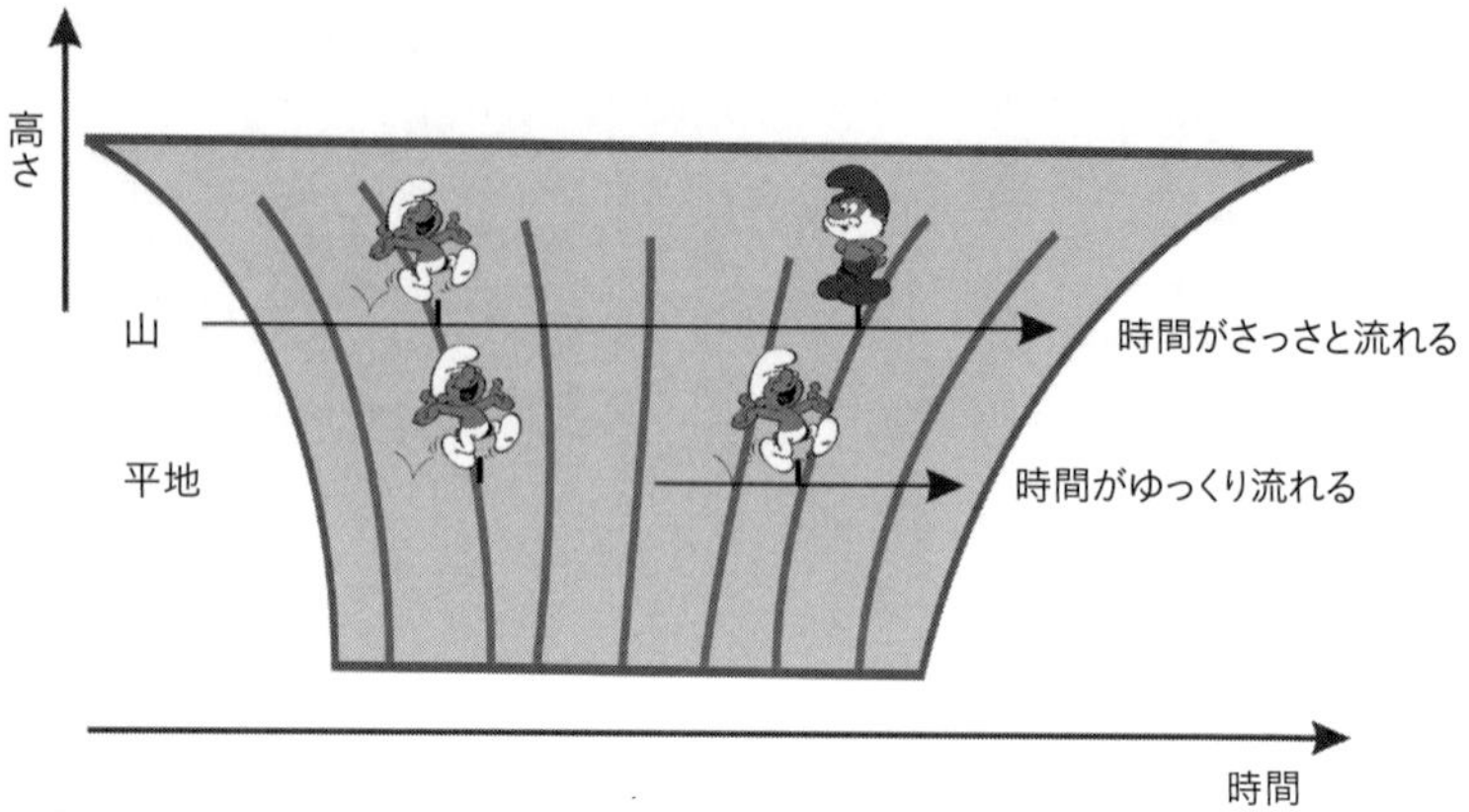

［図23］

びたり縮んだりする。そのため第三章の図15のように光円錐が傾く。

こうして時間は、空間の幾何学と織り合わされた複雑な幾何学の一部となる。これこそが、アインシュタインがアリストテレスの時間の概念とニュートンの時間の概念の間に見いだした統合なのだ。アインシュタインはその巨大な翼で一気に飛翔し、アリストテレスとニュートンがともに正しいことを理解した。自分たちにも動いたり変わったりしているのがわかる単純なものだけでなく、それとは別のものが存在しているというニュートンの直感は正しかった。ニュートンの「真の数学的時間」は存在する。それはリアルな実在なのだ。重力場と呼ばれる伸縮自在なシートであって、図23に見られるような曲がった時空なのである。しかし、この時間が事物から独立していて、他のあらゆるものと無縁に規則正しく揺るぎなく経過するというニュートンの考えは間違っていた。

アリストテレスが、「いつ」と「どこで」が必ず何かとの関係で決まると考えたのは正しかった。しかしその「何か」もまた単なる場でしかなかった。アインシュタインの時空的実在だったのだ。なぜならその場もダイナミックで具体的な実在であり、アリストテレスがいみじくも看破したように、わたしたちがそれとの関係で自分自身を位置づけ得るすべてのものと同じだからである。

これまでに述べてきたことは完全に首尾一貫しており、重力場のゆがみを記述するアインシュタインの方程式とその方程式が時計やメートルに及ぼす影響は、一〇〇年以上にわたって繰り返し検証されてきた。とはいえ、わたしたちの時間の概念はまた一つ構成要素を失ったことになる――時間は、この世界のほかの事物からは完全に独立しているはずだったのに。

アリストテレスとニュートンとアインシュタイン、この三人の知の巨人によるダンスのおかげで、わたしたちは時間と空間をより深く理解できるようになった。現実には重力場という構造がある。それは物理のほかの部分と切り離されることはないし、この世界が通り過ぎるただの舞台でもない。その構造はこの世界の壮大な踊りの力強い一部で、ほかのすべてと似通っており、互いに働きかけ合いながら、わたしたちが計器とか時計と呼んでいるもののリズム、さらにはすべての物理現象のリズムを決めている。

だが、成功は短命なものだ。一九一五年に重力場の方程式を書いたアインシュタインは、一年も経たぬうちに、その式が時間と空間の性質に関する物語の締めくくりの言葉になり得ないことに気がついた。なぜなら量子力学が存在するからだ。重力場も、それ以外のすべての物理的存在と同じように、量子的な性質を持っているはずなのだ。

第五章　時間の最小単位

我が家には、
九年ものの葡萄酒が入った壺がある。
ああ、フュリスよ、わが庭には、
草冠を編むためのアピウムと
ツタがたっぷりあって……
わたしはあなたを祝いに招く。
弥生の中日、
わたしにとっての宴の日、
わが誕生の日よりも大事な日を祝うために。
（IV,11）

これまで紹介してきた相対論的物理学の奇妙な風景は、量子、すなわち空間や時間の量子的な性質を考えに入れると、ますます異様なものになる。
空間や時間の量子的な性質を調べる分野は「量子重力」と呼ばれていて、わたし自身もこの分野を研究している。[1] 科学者の共同体に広く受け入れられた量子重力理論はまだ存在しておらず、実験で裏付けられたわけでもない。わたしは科学者としての人生のほぼすべてをかけて、この問いの答えになり得るものを構築しようとしてきた。ループ量子重力とか、ループ理論と呼ばれているものだ。みんながみんな、この理論に期待しているわけではない。たとえばひも理論を研究する友人たちは別の道を歩んでいるわけで、どちらが正しいのかを巡って今も激しい論戦が繰り広げられている。まあ、激しい議論も科学の成長の糧であって、この論争にも早晩決着がつくのだろう。ひょっとすると、それほど待つこともなく。

いっぽう時間の本質に関しては、ここ数年の間に意見の違いが減ってきており、ほとんどの人にとって、多くの結論がかなり明確になってきた。明らかになったことの一つに、量子を考慮すると一般相対性理論が残した一時的な足場（については第四章で説明した）が崩壊するという事実がある。

普遍的な時間が砕け散って無数の固有時となるところまではよいとして、そこに量子を織り込むと、これらすべての時間が次々に「揺らぎ」、雲のように散らばって、ある種の値は取り得てもほかの値は取り得ない、という見方を受け入れる必要が出てくる。そしてこれらの時間のかけらは、もはや第四章で描写した時空のシートを形成することができなくなるのだ。

量子力学は、物理的な変数が粒状であること（粒状性）と〔ゆらぎや重ね合わせにより〕不確定であること（不確定性）とほかとの関係に依存すること（関係性）、この三つの基本的な発見をもたらした。そしてこの三つの発見の一つひとつが、わたしたちの時間の概念の残滓《ざんし》をさらに破壊する。というわけで、今から順繰りに何が起きるのかを見ていこう。

粒状の時間

時計で計った時間は「量子化」されている。つまり、いくつかの値だけを取って、その他の値は取らない。まるで時間が連続的ではなく、粒状であるかのように。

粒状であるということは、量子力学のもっとも特徴的な結果であり、理論自体の名前もここからきている。「量子」とは基本的な粒のことであって、あらゆる現象に「最小の規模」が存在する。[2] 重力場における最小規模は「プランク・スケール」、最小の時間は「プランク時間」と呼ばれていて、相対性や重力や量子が絡む現象の特徴となっているさまざまな定数を組み合わせれば、その値を簡単に計算できる。[3] そしてその結果、一秒の一億分の一の一〇億分の一の一〇億分の一の一〇億分の一の一〇億分の一、つまり10^{-44}秒という時間が得られる。プランク時間と呼ばれるこの極端に短い時間では、量子力学に特有の三つの性質がもたらす効果、すなわち時間への量子効果がはっきりと現れる。

プランク時間はひじょうに短い。今日実際の時計で計り得る時間よりはるかに短く、ここまで小さな規模になると、もはや時間の概念があてはまらなくとも驚くには当たらない。それなら驚かなくてもよいのでは？　どこででも永遠に成り立つ事柄は存在せず、どのみちいつかはまったく新しい何かに遭遇することになるのだから。

時間が「量子化される」ということは、時間 t のほとんどの値が存在しないということだ。わたしたちが想像し得るもっとも正確な時計を用いてなんらかの時間の幅が計れたとすると、その測定値は特別ないくつかの値に限られていて、離散的であることが判明するはずだ。時間が連続的に継続するとは考えられず、不連続だと考えるしかない。一様に流れるのではなく、いわばカンガルーのようにぴょんぴょんと、一つの値から別の値に飛ぶものとして捉えるべきなのだ。

言葉を変えれば、時間には最小幅が存在する。その値に満たないところでは、時間の概念は存在しない。もっとも基本的な意味での「時」すら存在しないのだ。

アリストテレスからハイデッガーまで、長い年月の間に「連続性」の性質を論じるために費やされた膨大なインクは、おそらく無駄だったのだろう。連続性は、きわめて微細な粒子である対象物をなぞるための数学的技法でしかなかった。この世界はごく微細な粒からなっていて、連続的ではない。神はこの世界を連続的な線では描かず、スーラのように軽いタッチで点描したのである。

粒状性は自然界の至る所に見られる。たとえば光は光の粒、つまり光子でできている。原子のなかの電子のエネルギーは特定の値に限られ、ほかの値を取ることができない。純粋な空気もっとも密な物質と同じように粒状で、分子で構成されている。ニュートンの空間や時間がほかのすべてのものと同じように物理的実体であることがわかったからには、これらも粒状と考えるのが自然だ。そしてこの見方は、理論によって裏付けられる。ループ量子重力によれば、基本となる時間の変化の幅、すなわち跳躍は、小さくとも有限だ。

時間が粒状で、最小幅がありそうだという見方は、決して新しいものではない。実際、七世紀には中世初期の神学者セビリアのイシドールスがその著書『語源（*Etymologiae*）』で、さらにその次の世紀にはイングランドの聖職者ベーダ・ウェネラビリスが『時の分割について（*De Divisionibus Temporum*）』という思わせぶりな標題の著作で、そのような見解を主張している。また、一二世紀にはスペイン生まれの偉大なるユダヤ人哲学者マイモーン（ラテン名はマイモニデス）が、「時間は原子でなり立っている。すなわち、それ以上分けることができないたくさんの部分、短い継続時間からなっているのだ」と述べている。[4] このような考えは、おそらくもっと古くからあったのだろう。とはいえソクラテス以前の哲学者であるデモクリトス自身の文書は失われており、古典ギリシャの原子論にすでに時間を離散的に見る視点があったかどうかは知る由もない。[5]それでも、科学の研究に使える仮説、研究で確認できる仮説が誕生する何百年も前に抽象的な思考が登場することは、十分にあり得る。

プランク時間の空間における姉妹がプランク長で、この最小限の長さより短いところでは、長さの概念が意味をなさなくなる。プランク長は約10^{-33}センチメートル、つまり一センチメートルの一〇億分の一の一〇億分の一の一〇億分の一の一〇〇万分の一である。大学時代、まだ若かったわたしは、この極端に小さな規模でいったい何が起きるのか、という問いに夢中になった。そして大きな紙の真ん中にきらきら光る赤い文字で、

と書き、ボローニャの寝室にその紙を掲げると、この規模の世界で何が起きているのかを理解すること、それを自分の目標にすると決意した。時間や空間がそのありようを変える極小規模の世界、基本的な量子の世界に降りたときに、いったい何が起きるのか。以来今日までずっ

［図24］

と、わたしはこの目標を達成しようと努めてきた。

時間の量子的な重ね合わせ

量子力学の二つ目の発見は、不確かさである。たとえば、ある電子が明日どこに現れるかを正確に予測することはできない。電子がどこかに現れる瞬間と別のところに現れる瞬間の間には、電子の正確な位置は存在しない。[6] まるで、確率の雲のなかに散っているようなもので、物理学者の業界用語では、これを位置の「重ね合わせ」状態にあるという。

時空も、電子のような物理的対象である。そしてやはり揺らぐ。さらに、異なる配置が「重ね合わさった」状態にもなり得る。たとえば第四章の最後の時間遅延の図は、量子力学を考慮すると、異なる時空のぶれた「重ね合わせ」としてイメージすべきなのだ。ちょうど、図24のように。

同様に、光円錐の構造も、過去、現在、未来を分かつすべての点で揺らぐ（図25）。

このため現在と過去と未来の区別までが、揺れ動いて不確かになる。一つの粒子が空間に確率的に散って不確かになるように、過去と未来の違いも揺れ動くのだ。したがって、ある出来事がほかの出来事の前でありながら後でもあり得る。

［図25］

現実は関係によって定まる

「揺らぎ」があるからといって、起きることがまったく定まらないわけではなく、ある瞬間に限って、予測不能な形で定まる。その量がほかの何かと相互作用することによって、不確かさが解消されるのだ。*

このような相互作用によって、電子はある点で具体的な存在になる。たとえばスクリーンに衝突したり、粒子検知器に捕まったり、光子と衝突したりして、具体的な位置を得るのだ。

ところがこのような電子の具体化には奇妙な性質がある。問題の電子は、相互作用している物理的な対象に対してのみ具体的な存在になる。ほかのすべての対象に関しては、この相互作用によって不確かさが伝播し広がるだけなのだ。具体性は、ある物理系との関係においてのみ生じる。思うに、これは量子力学がなし遂げたもっとも劇的な発見といえよう。+

電子が何か——たとえば陰極端子が組み込まれた古いテレビの画面——にぶつかると、電子に付随しているとされる確率の雲が「崩れ」、スクリーンのどこかに電子が現れて、テレビ画像を構成する明るい点を生み出す。だがこの具体化はスクリーンとの関係に限られていて、ほかの対象との関係では、電子とスクリーンが一体となって配置の重ね合わせ状態になる。そしてこれがまた別の対象と相互作用した瞬間に、共通の確率の雲が「崩れて」具体的な配置が現れる……といった具合なのだ。

電子がここまで奇妙に振る舞うという見方を受け入れるのは、ひじょうに難しい。そのうえ

＊＝専門用語ではこの相互作用を「観測」というが、この言葉は誤解を招く。なぜなら「観測」といってしまうと、白衣を着た実験物理学者なしでは現実を作り出せないように聞こえるからだ。

＋＝ここでは、量子力学を関係性の観点から解釈している〔関係性解釈〕[7]。なぜならほかの解釈は、これと比べると信じ難く思えるからだ。この解釈から導かれる結果、とくにアインシュタインの方程式を満たす古典的時空がなくなるという結論は、わたしが知る限り、ほかのどの解釈でも説明できない。

時間や空間までが同じように振る舞うという考え方を咀嚼するのは、さらに難しい。それでもあらゆる証拠から見て、これが量子世界なのだ。そしてわたしたちは、そこで暮らしている。

時間の持続と隔たりを定める物理的な基層、すなわち重力場に、質量に影響される力学があるだけではない。それは、何かほかのものと相互作用しない限り値が決まらない量子実体でもある。相互作用が起きると持続時間は粒状になり、相互作用した相手との関わりにおいてのみその値が定まる。それでいて、宇宙のそのほかのすべてに対しては、不確かなままなのだ。

時間は関係のネットワークのなかに溶け去り、もはや首尾一貫したキャンバスを織り上げてはいない。揺らいで互いに重ね合わさり、特定のものに対して具体になることもある（複数の）時空のイメージは、わたしたちからすればきわめて曖昧な像だが、微細な粒からなるこの世界に関していえることは、これで精一杯。わたしたちは今、量子重力の世界を覗いているのだ。

ここで、この本の第一部で試みた、深みへの長い急降下を振り返っておこう。時間は唯一ではなく、それぞれの軌跡に異なる経過期間がある。そして時間は、場所と速度に応じて異なるリズムで経過する。時間は方向づけられていない。過去と未来の違いは、この世界の基本方程式のなかには存在しない。それは、わたしたちが事物の詳細をはしょったときに偶然生じる性質でしかない。そのような曖昧な視野のなかで、この宇宙の過去は妙に「特別な」状態にあった。「現在」という概念は機能しない。この広大な宇宙に、わたしたちが理に適った形で「現在」と呼べるものは何もない。時間の持続期間を定める基層は、この世界を構成するほかのものと異なる独立した実体ではなく、動的な場の一つの側面なのだ。跳び、揺らぎ、相互作用によってのみ具体化し、最小規模に達しなければ定まらない側面……。だとすれば、時間の何が残るのか。

きみのその腕時計を海に投げてしまえ。そしてわかろうとしろよ。
きみが捕まえようとしているその時が、ただの針の動きだっていうことを……。[8]

というわけで、時間のない世界に入るとしよう。

第二部

時間のない世界

第六章　この世界は、物ではなく出来事でできている

ああ紳士たちよ、人生という時間は短い（……）
もし我々が生き長らえるのなら、
生きて王たちを踏みつけにするのだ。
（シェイクスピア「ヘンリー四世」第一部）

ロベスピエールがフランスを君主制から解放すると、ヨーロッパの旧体制《アンシャン・レジーム》は、文明そのものが終わるのではないかという恐怖に駆られた。若者が己を古い秩序から解き放とうとするとき、年寄りたちはすべてがご破算になるのではないかとおびえる。だがフランスの王がいなくなっても、ヨーロッパはちゃんと生き延びることができた。この世界は立派に立ちゆくのだ――たとえ、王の時間がなくても。

それでも、時間の性質のなかには、一九世紀と二〇世紀の物理学による破壊活動を耐え抜いたものがあった。今「時間」は、わたしたちにはすっかりお馴染みのニュートンの理論による虚飾を脱ぎ捨てて、いっそう鮮明に輝いている。そう、世界とは、ほかでもない変化なのだ。

時間はすでに、一つでもなく、方向もなく、事物と切っても切り離せず、「今」もなく、連続でもないものとなったが、この世界が出来事のネットワークであるという事実に揺らぎはない。時間にさまざまな限定があるいっぽうで、単純な事実が一つある。事物は「存在しない」。事物は「起きる」のだ。

基本方程式に「時間」という量が含まれていないからといって、この世界は凍りついてもいないし、不動でもない。それどころかこの世界の至る所に、「父なる時間」によって順序づけられない「変化」がある。無数の出来事は、必ずしもきちんと順序づけられておらず、ニュートン的な唯一の時間線に沿って、あるいはアインシュタインの優美な幾何学に従って分布しているわけでもない。この世界の出来事は、英国人のように秩序立った列は作らず、イタリア人のようにごちゃごちゃと集まっているのだ。

それでも出来事は生じ、変化してゆく。拡散してちりぢりになり、めちゃくちゃになりはしても、静止することなく、生じる。てんでんばらばらな速度で時を刻むいくつもの時計は、単一の時間を示すことなく、しかし各時計の針は互いに対して変化する。基本的な方程式は時間という変数を含まないが、互いに対して変化する変数を含んでいる。アリストテレスが述べているように、時間は変化を計測したものなのだ。変化を測るための変数の選び方はいろいろあるが、わたしたちが経験する時間の特徴をすべて備えた変数はどこにもない。しかしだからといって、この世界が絶えず変化しているという事実が消えるわけではない。

科学の進化全体から見ると、この世界について考える際の最良の語法は、不変性を表す語法ではなく変化を表す語法、「〜である」ではなく「〜になる」という語法なのだ。

この世界が「物」、つまり物質、実体、存在する何かによってできていると考えることは可能だ。あるいは、この世界が「出来事」、すなわち起きる事柄、一連の段階、出現する何かによって構成されていると考えることもできる。ずっと続くものではなく絶えず変化するもの、つまり恒久ではないもので成り立っている。基礎物理学における時間の概念が崩壊したとして、この二つの考え方のうちの前者は砕け散るが、後者は変わらない。それによって、不動の時間のなかに状態があるのではなく、限りあるものが遍在することが示されるのだ。

この世界を出来事、過程の集まりと見ると、世界をよりよく把握し、理解し、記述することが可能になる。これが、相対性理論と両立し得る唯一の方法なのだ。この世界は物ではなく、出来事の集まりなのである。

物と出来事の違い、それは前者が時間をどこまでも貫くのに対して、後者は継続時間に限りがあるという点にある。物の典型が石だとすると、「明日、あの石はどこにあるんだろう」と考えることができる。いっぽうキスは出来事で、「明日、あのキスはどこにあるんだろう」という問いは無意味である。この世界は石ではなく、キスのネットワークでできている。

わたしたちがこの世界を理解する際に用いる基本的な装置は、空間の特定の点に常に据えられているわけではない。かりにそのような計器があったとして、それらはある場所にある時点で存在している。つまり、空間的にも時間的にも限定された「出来事」なのだ。

実際さらに細かく見ていくと、いかにも「物」らしい対象でも、長く続く「出来事」でしかない。もっとも硬い石は、化学や物理学や鉱物学や地理学や心理学の知見によると、じつは量子場の複雑な振動であり、複数の力の一瞬の相互作用であり、崩れて再び砂に戻るまでのごく短い間に限って形と平衡を保つことができる過程であり、惑星上の元素同士の相互作用の歴史のごく短い一幕であり、新石器時代の人類の痕跡であり、横町のわんぱくギャング団が使う武器であり、時間に関する本に載っている一つの例であり、ある存在論のメタファーなのだ。そしてそれは、わたしたちが知覚している対象より、むしろ知覚しているこちら側の身体構造に依拠したこの世界の細分化の一部であり、現実を構成する宇宙規模の鏡のゲームの複雑な結び目なのである。この世界は石ではなく、束の間の音や海面を進む波でできている。

さらにいうと、かりにこの世界が物でできているとしたら、それはどのようなものなのか。原子なのだろうか。しかし、原子がもっと小さな粒子で構成されていることはすでにわかっている。だったら素粒子なのか。だが素粒子は、束の間の場の揺らぎでしかないことがすでにわかっている。それでは量子場なのか。しかし量子場は、相互作用や出来事について語るための言語規範にすぎないことがすでに明らかになっている。物理世界が物、つまり実体で構成されているとは思えない。それではうまくいかないのだ。

これに対して、この世界を出来事のネットワーク、単純な出来事や複雑な出来事——それらはより単純な出来事に分解できる——が織りなすネットワークだと考えればうまくいく。いくつか例を挙げてみると、戦争は、物ではなく一連の出来事である。嵐は、物ではなく出来事の集まりだ。山の上にかかる雲は、物ではなく風に乗って山を飛び越す空気中の湿気の凝縮である。波は、物ではなく水の運動で、波を形作る水は絶えず変わっていく。家族は物ではなく、関係や出来事や感情の集まりだ。では人間はどうだろう。むろん、物ではない。人間は、山上の雲と同じように、食べ物や情報や光や言葉などが入っては出ていく複雑な過程であり……社会的な関係のネットワークの一つの結び目《ノード》、化学反応のネットワークの一つの結び目、同類の間でやりとりされる感情のネットワークの一つの結び目なのだ。

わたしたちはずっと、この世界をある種の基本的な実体の観点から理解しようとしてきた。物理学はほかのどの分野よりも熱心に、それらの基本的な実体の正体をつきとめようとしてきた。だが調べれば調べるほど、そこに「在る」何かという観点ではこの世界を理解できないように思えてくる。出来事同士の関係にもとづいたほうが、はるかに理解しやすそうなのだ。

この本の第一章で引用したアナクシマンドロスの言葉はわたしたちに、この世界を「時間の

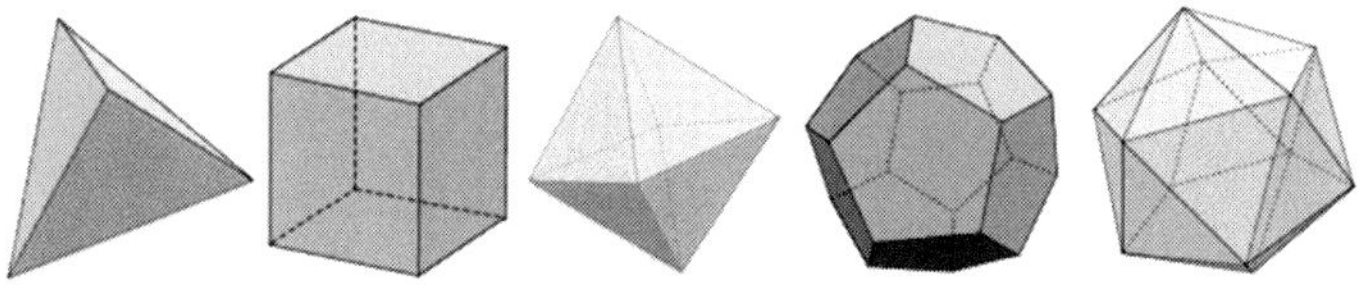

［図26］

順序に従って」理解せよと呼びかけている。時間の順序がどのようなものなのかを先験的に知らなくても、それがわたしたちにはお馴染みの普遍的な線形順序であるという前提に立たなくても、アナクシマンドロスの勧めは妥当である。わたしたちは、物ではなく変化を調べることで、この世界を理解する。

この優れた助言を顧みない人々は、高い代償を払うことになった。このような間違いを犯した偉大な人物としては、たとえば古代ギリシャの哲学者プラトンやドイツの天文学者ケプラーがいる。しかも面白いことに、この二人は同じ数学に魅せられた。

プラトンはその著書『ティマイオス』で、デモクリトスをはじめとする原子論者の物理的な洞察を数学に翻訳するというみごとな着想を披露している。ただしその方法は間違っていて、原子の動きに関する数学ではなく、原子の形に関する数学を論じようとした。プラトンは、正多面体が五つ、たったの五つしかないという定理に惑わされたのだ（図26）。

そして、古代の人々がこの世を構成すると考えていた五つの基本元素、すなわち土、水、空気、火と第五の元素（エーテル）がこの五つの正多面体の形をしている、という大胆な仮説を打ち立てた。なんと美しい着想だろう。けれどもこれはまったくの間違いだった。なぜ間違えたかというと、変化を無視し、世界を出来事ではなく物との関係で理解しようとしたからだ。プトレマイオスからガリレオへ、ニュートンからシュレディンガーへ、後に力を発揮することになるこれらの物理学や天文学は、物の状態ではなく物の変化を数学的に記述している。物ではなく、出来事に関する記述なのだ。原子の形を理解しようとすると、結局は原子のなかの電子がどのように動くのかを記述するシュレディンガーの方程式の解に行き着く。ここでも重要なのは、物ではなく出来事なのである。

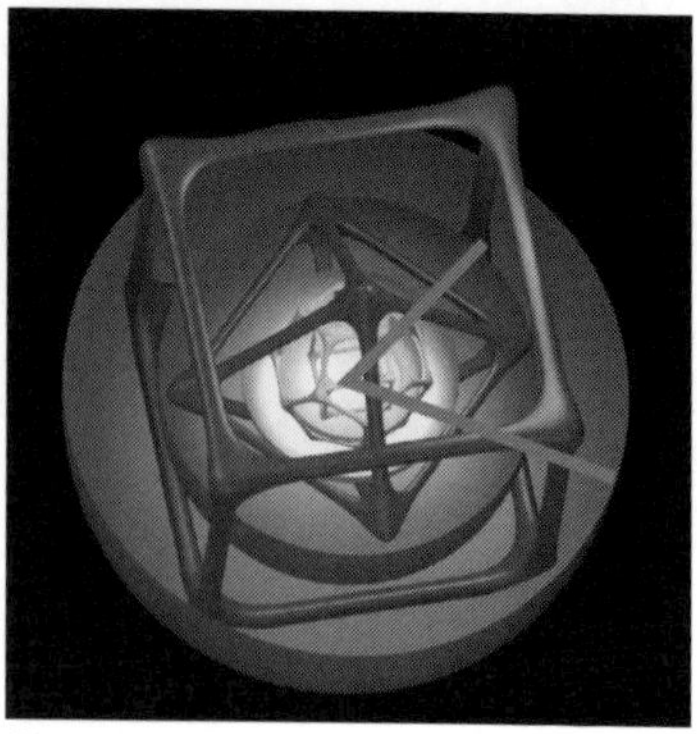

［図27］

さらにその二〇〇〇年ほど後にも、円熟期に入って偉大な結果を出す前のまだ若いケプラーが、同じ間違いを犯すことになった。惑星の軌道の大きさを決めているのは何かという謎を解明しようとして、プラトンが魅入られたのと同じ定理（事実、ひじょうに美しい定理である）に惑わされたのだ。そして、惑星の軌道の大きさは正多面体によって定められているという仮

［図28］

説を立てた。それら五つの正多面体を順番に入れ子にして、内側の多面体に外接する球が次の多面体に内接するようにしていくと（図27）、それらの球の半径の比が、当時知られていた六つの惑星の軌道半径の比に等しくなる、というのである（図28）。

すばらしい着想だが、まさに荒唐無稽だ。この場合も、力学が欠けていた。ケプラーがさらに歩みを進め、惑星がどう動くのかという問題に焦点を移したときに、はじめて天空の扉が開かれたのだ。

それゆえわたしたちはこの世界を、どのような状態であるかではなく、何が起きるかという観点で記述する。ニュートンの力学やマクスウェルの方程式や量子力学などがわたしたちに教えてくれるのは、物の状態ではなく出来事の起き方なのだ。生命体がどのように進化して生きていくかを研究することによって、生物学を理解する。自分たちが互いにどのように働きかけ、どう考えるかを調べて、心理学を（決してたくさんではなく、少しだけ）理解する……。そして、どうあるかではなく、どうなってきているのかを見て、この世界を理解する。

「物」はしばらく変化がない出来事でしかなく、[1]しかもそれは塵に返るまでの話でしかない。すべては、遅かれ早かれ塵に返る。

したがって、「時間」がないからといって、すべてが凍りついて動かなくなるわけではない。この世界を疲弊させている絶え間ない事件の数々を、時間線に沿って順序づけることはできず、巨大なチックタックという音では計れないということであって、この世界は四次元の幾何学にすらなっていない。限りなく無秩序な量子事象のネットワークであって、整然としたシンガポールではなく、無秩序なナポリに似ているのだ。

もしも「時間」が出来事の発生自体を意味するのなら、あらゆるものが「時間」である。時間のなかにあるものだけが、存在するのだ。

第七章

語法がうまく合っていない

白き雪は消え、
野の草に、
森の木の葉に
緑が戻る。
春の優しい恩寵は、
今もわれらとともにある。
(……)
このように、巡る時と
光を奪って過ぎる時間は
わたしたちに不死は望めぬという、
伝言なのだ。
(……)
この暖かい風が、霜を緩める。

(IV,7)

通常わたしたちは、「今」あるものを「現実」と呼ぶ――かつて存在したものでも、この先に存在しそうなものでもなく、現在あるものを。過去にあったものや未来にあるものは、「現実だった」ものであり、「現実になるだろう」ものであって、「現実」ではない。

哲学者たちは、現在だけが現実であって、過去や未来は現実でないとする見方を「現在主義」と呼んでいる。「現実」は、一つの現在からそれに続く別の現在へと展開していく。

ところが、「現在」が全体では定義されず、自分たちの近くでのみ近似的に定められていると、このような見方は成り立たなくなる。はるか遠くの「現在」が定義されていないとしたら、この宇宙の「現実」とはいったい何なのか。

第三章に登場した図では、一枚のなかに時空の進展が丸ごと収められていた（図13・14）。つまり、単一の時間ではなくすべての時間が描かれているのだ。いわば走っている人物の連続写真、あるいは長い年月にわたって展開する物語を収めた一冊の本のようなもので、ある一瞬の世界の状況ではなく、世界の歴史としてあり得るものが図示されている。

図13に描かれているのは、アインシュタインが登場する以前にこの世界の時間の構造とされていたものだ。ある時間が与えられたときに、その「今」の現実の出来事全体は太い一本の線で表される（図29）。

ところが、この世界の時間の構造をよく表しているのは図14のほうで、そのどこを探しても

「現在」らしきものは見当たらない。現在は存在しないのだ。では、現実の「今」とは何なのか。

二〇世紀の物理学は、わたしにいわせれば疑いの余地のないやり方で、わたしたちの世界が現在主義ではうまく記述できないことを示してみせた。客観的で全体的な「現在」は存在せず、

［図13］

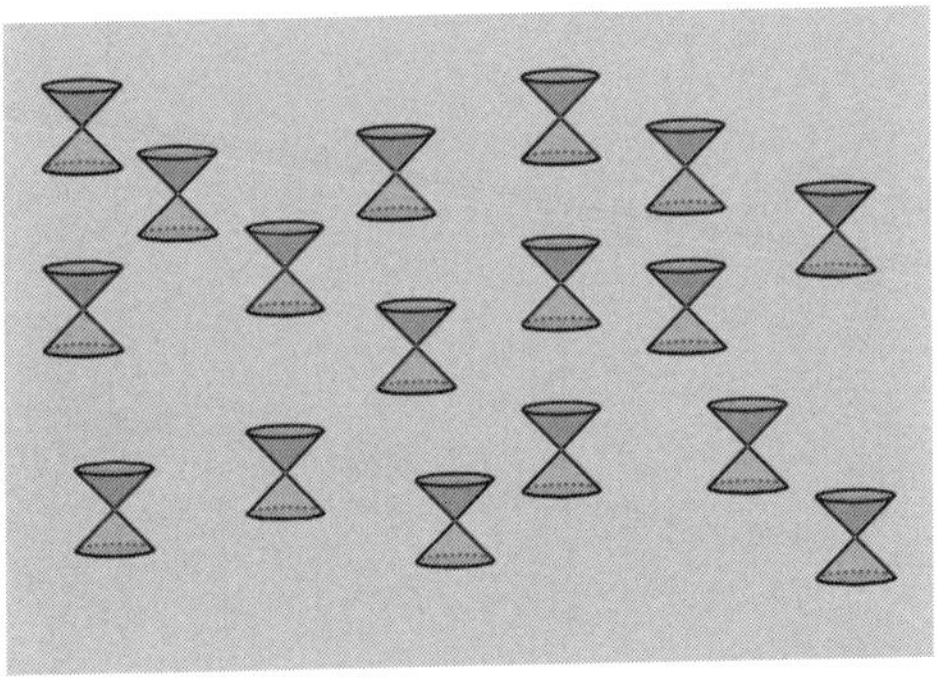
［図14］

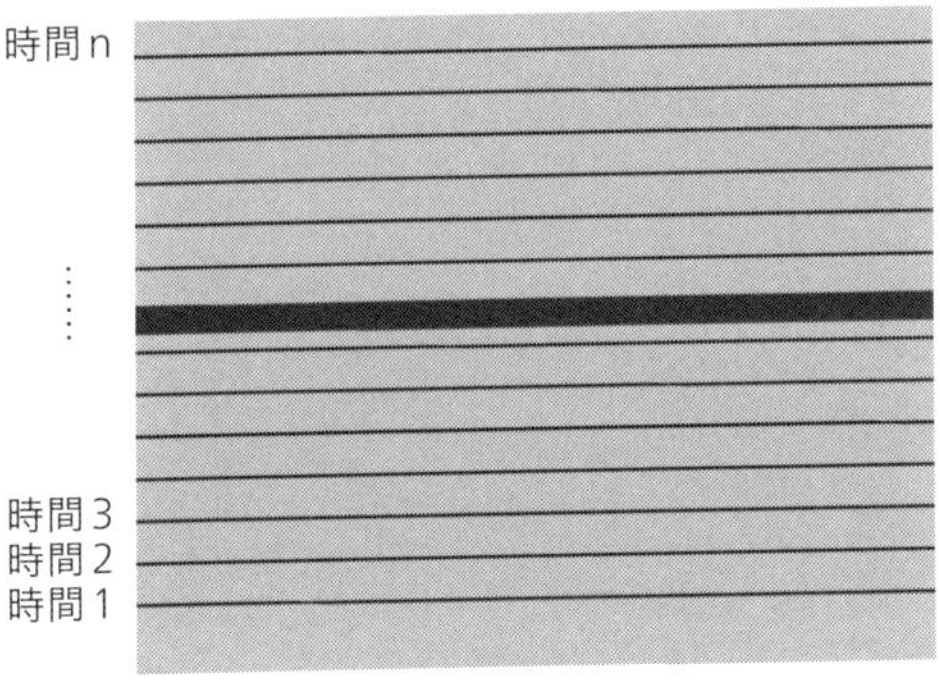

［図29］

動いている観察者との関係で「現在」を語るのが関の山。こうなると、わたしにとっての現実とみなさんにとっての現実は違ってくる――こちらとしては、「現実」という表現をできるだけ客観的な形で使いたいところだが。こうなると、この世界を現在の連続と見なすべきではない。[1]

では、どう考えればよいのか。

哲学者たちは、流れや変化が幻であるとする見方を「永久主義」と呼んでいる。現在も過去も未来も等しく現実であり存在している、というのだ。永久主義では、前ページの三つの図におおざっぱに描かれた時空全体が、そっくりそのまま変わることなく永遠に存在すると考える。ほんとうは、何も流れていないのだ。[2]

現実をこのように捉える永久主義者たちは、よくアインシュタインの文言を引用する。というのも、アインシュタインが有名な手紙で、

わたしたちのように物理を信じている者にとって、過去と現在と未来の違いはしつこく続く幻でしかありません。[3]

と述べているからだ。これは「ブロック宇宙論」と呼ばれる考え方で、それによると、宇宙の歴史全体を単一のブロックと見るべきで、そこではすべてが同じようにリアルで、ある瞬間

から次の瞬間への時間の移り変わりは幻でしかない。

ということは、わたしたちは世界を見るにあたって、この永久主義、ブロック宇宙論という観点に立つしかないのだろうか。過去と現在と未来があるこの世界を、あらゆるものが同じように存在するただ一つの現在と見なすしかないのか。何も変わらず、何も動かないと？　変化はただの幻なのだろうか。

いや、わたしはそうは思わない。

自分たちが、宇宙を一筋のきちんとした時間の連続として整列させられないからといって、変化するものがいっさいないとはいえない。単に、さまざまな変化が順序づけられた線に沿って一列に並んでいるわけではない、というだけのことなのだ。この世界の時間の構造はもっと複雑で、さまざまな瞬間がずらずらと一直線につながっているわけではない。でもだからといって、変化が存在しないとか、幻だとはいえない。[4]

過去と現在と未来の違いは決して幻ではない。それは、この世界の時間の構造なのだ。だがその構造は、現在主義のそれとは違う。出来事同士の時間の関係は思っていたより複雑だが、それでも存在はしている。親子関係は全体の順序を確定しないが、親子関係が幻だとはいえない。全員がずらっと一列に並んでいないからといって、わたしたちの間にまったく関係がないということにはならないのだ。変化や出来事の発生は、決して幻ではない。ここまででわかったこと、それは、この世界の変化が包括的な順序に従って生じているわけではないという事実だ。[5]

ではここで、最初の問いに戻るとしよう。「現実」とは何か。何が「存在」しているのか。「この問いは間違っている」というのがその答えだ。この問いはすべてを意味し、何ものをも意味しない。なぜなら「現実」という言葉は曖昧で、意味がたくさんあるからだ。「存在」という言葉に至っては、さらに多くの意味がある。「嘘をつくと鼻が伸びる人形は存在するか」という問いに対して、「もちろん存在するさ。ピノッキオがいるじゃないか」と答えることもできれば、「いいや、存在しないよ。そんなのは、ピノッキオの作者が作り出した夢さ」と答えることもできる。そして、いずれも正しい。なぜならこの二つの答えでは、「存在する」という動詞の意味が異なっているから。

存在するという動詞にはさまざまな使い方があり、「何かが存在する」という言葉の意味はじつに多様だ。法律、石、国、戦争、劇の登場人物、わたしたちが信じていない宗教の神（あるいは神々）、わたしたちが信じている宗教の神、偉大なる愛、数……これらはすべて「存在」しており、「現実」である。ただし、それぞれ異なる意味で。わたしたちは、それがどの意味で存在するのかを問うことができる（ピノッキオは、文学上の人物としては存在するが、イタリアの登記所で確認しても存在はしていない）。あるいは、何かが確定した形で存在するか否かを問うことができる（チェスの試合で、すでにルックを動かした後で、ルックとキングを一手で動かす「キャスリング」を禁じたルールは存在するのか）。一般に、「何が存在するのか」あるいは「何が現存するのか」を問うことは、相手が動詞や形容詞をどう使いたいのかを尋ねることにほかならない。[6]つまり語法上の問いであって、自然に関する問いではないのだ。

自然はそこに存在しており、わたしたちはそれを少しずつ発見してきた。かりにわたしたちの語法や直感が自分たちの発見した事柄に馴染まなかったとしても、それはそれ、馴染もうと努めるしかない。

現代のほとんどの言語では、動詞に「過去」、「現在」、「未来」の活用がある。だがこのような語法は、この世界の現実の時間構造について語るには不向きなのだ。なぜなら現実は、もっと複雑だから。このような語法は、わたしたちの限られた経験をもとにして作られた——自分たちの作っているものが正確さに欠け、この世界の豊かな構造を把握しきれないということに気づく前に作られたのだ。

客観的で普遍的な現在は存在しない、という発見を掘り下げようとしたときにわたしたちが戸惑うのは、ひとえに過去、現在、未来という絶対的な区別にもとづいてつくられた語法に従っているからだ。このような区別は、じつはある程度までしか有効でない。自分たちのすぐそばの「ここ」においてのみ有効なのだ。現実の構造は、この語法の前提となっているものと同じではない。何らかの出来事が「ある」、あるいは「あった」、あるいは「あるだろう」とはいえても、何らかの出来事がわたしにとっては「あった」があなたにとっては「ある」という状況を語る語法は存在しないのだ。

語法が不適切だからといって、混乱したままでいるわけにもいかない。古代のある文書に、球形の地球についての次のような記述がある。

下に立っている人にとっては、上のものが下であり、いっぽう下のものが上である……そしてこれは地球全体のまわりでいえることだ。[7]

さっと読んだだけでは、言い回しはもたついているし、言葉も矛盾しているように見える。いったいどうすれば「上のものが下で、下のものが上」になり得るのか。まったく意味をなしていない。まるで、シェイクスピアの『マクベス』に出てくる「きれいはきたない、きたないはきれい」という皮肉な台詞のようだ。ところが、地球の形や物理を念頭に置いてもう一度読み直すと、この言い回しの意味が明らかになる。筆者は、対蹠点《たいしょてん》（イタリアなら、オーストラリア〔日本なら、ブラジル〕）に暮らす人々にとっての上は、ヨーロッパで暮らす自分たちの下と同じだ、といいたいのだ。つまり、「上」という方向は地球上のどこにいるかによって変わり、シドニーでは上にあるものが、イタリアにいる人たちから見ると下にある。この文章はじつは二〇〇〇年前に書かれたものなのだが、筆者はここで、新たな発見になんとか自分の直感や言葉を沿わせようと四苦八苦している。地球は球形であり、「上」と「下」という言葉の意味はあっちとこっちで変わってくる。これらの言葉の意味は、それまで考えられていたのと違って、唯一でも普遍的でもないのだ。

わたしたちもこれと同じ状況にある。自分たちの言葉や直感を、なんとしても新たな発見に沿わせようと四苦八苦している最中なのだ。「過去」や「未来」が普遍的な意味を持たず、場所が変わればその意味も変わる、という発見に。それ以上でも、以下でもない。

この世界には変化があり、出来事同士の関係には時間的な構造があって、それらの出来事は断じて幻ではない。出来事は全体的な秩序のもとで起きるのではなく、この世界の片隅で複雑な形で起きる。ただ一つの全体的な順序にもとづいて記述できるようなものではないのだ。

では、「過去と現在と未来との違いはしつこく続く幻でしかない」というアインシュタインの言葉はどうなるのか。今述べたのとは逆のことを考えていたと見えなくもない。たとえそう見えたとしても、わたしには確かなことはいえない。なぜならアインシュタインは、ご託宣としか思えない言葉を多く残しているからだ。実際に重要な問題についての意見を幾度となく変えていて、互いに矛盾する誤った言葉がたくさん残っている。[8] けれどもこの場合は、はるかに単純なことだったのだろう。あるいは、はるかに深遠なことだったのか……。

アインシュタインがこの言葉を記したのは、友人のミケーレ・ベッソがなくなったときだった。ミケーレはアインシュタインの無二の親友で、チューリッヒでの大学時代から、アインシュタインの思索や議論の相手を務めていた。アインシュタインのこの言葉は、物理学者や哲学者ではなくミケーレの遺族、もっといえばその妹宛ての手紙に綴られていた。この言葉のすぐ前には、

彼〔ミケーレ〕は今、この奇妙な世界から旅立ちました。わたしより少し早く。でも、そんなことに意味はない……。

と認《したた》められている。これは、世界の構造に関するもったいぶった手紙ではなく、悲しみに沈む妹を慰めるための手紙なのだ。この優しい手紙からも、ミケーレとアルベルトの心の絆をうかがい知ることができる。アインシュタインはこの手紙で、生涯の友を失ったことの辛さに向き合い、また明らかに、近づきつつある自身の死に思いを巡らしている。深い感情が込められた手紙に記された紛らわしくも愛情に満ちた言葉は、物理学者が時間に関して理解したことについての文言ではなく、人生そのもの、もろく短く幻に満ちた人生についての言葉なのだ。アインシュタインはここで、時間の物理的な性質よりも深い事柄について語っているのである。

アインシュタイン自身がこの世を去ったのは、友の死から一カ月と三日後の一九五五年四月一八日のことだった。

第八章　関係としての力学

遅かれ早かれ戻るであろう
われらが時の精密な算法が──
そしてわれらは船に乗り
さらに苦い岸を目指す。
(II,9)

ありとあらゆる事柄が起きているのに、時間変数は存在しない。そのような世界の基本的な記述はいったいどのようなものになるのだろう。共通の時間がなく、物事の変化の進みやすい方向が、特に存在しない世界の記述とは？

もっと簡単な方法、ニュートンに時間変数が不可欠であると思い込まされる前の方法ではどうなるのか。

世界を記述する際に、時間変数は使えない。必要なのは、世界を実際に記述する変数、わたしたちが感じ取り、観察し、最終的に測ることができる量だ。道の長さ、木の高さ、額のあたりの体温、一切れのパンの重さ、空の色、天空の星の数、竹のしなやかさ、列車の速さ、肩に置かれた手に込められた力、喪失の痛み、時計の針の位置、空に輝く太陽の高さ……。わたしたちはこの世界を、これらの量や性質の観点から記述する。それらは、絶えず変化していることがわかる量であり性質であって、その変化には規則性がある。石は羽根より速く落ちる。太陽と月は互いの後を追うように空を巡り、一カ月に一度だけすぐそばを通過する……。

これらの量のなかには、日数、月の満ち欠け（月相《げっそう》）、水平線のうえの太陽の高さ、時計の針の位置のようにほかの量に対して規則的に変化していることがわかるものがあり、これらの量を基準にすると都合がよい。次の満月の三日後、太陽が空のいちばん高いところにあるときに落ち合おう。明日、時計の針が四時三五分を指したときに、きみに会いたい。互いに十分同期している変数がいくつか見つかったら、それらをうまく使って「いつ」について語ればよい。

その際に、どれか一つの変数を選んで「時間」という特別な名前をつける必要はない。科学をするにしても、これらの変数が互いに対してどう変化するのか、ほかの変数が変化したときに問題の変数がどのように変わるのかを示す理論があればよい。この世界の基礎的な理論は、このように構成されるべきなのだ。時間と呼ばれる変数は不要であり、その理論では、自分たちがこの世界で目にしているもの同士が、互いに対してどのように変化するのかがわかりさえすればよい。つまり、これらの変数の間にどんな関係が存在し得るのかがわかればよいのだ。[1]

量子重力の基本方程式は、事実このようにして作られた。その式は時間変数を含むことなく、変動する量の間のあり得る関係を指し示すことで、この世界を記述する。[2]

時間変数をまったく含まずに量子重力を記述する方程式がはじめて書かれたのは、一九六七年のことだった。アメリカの二人の物理学者、ブライス・ドウィットとジョン・ホイーラーが発見した、今日ホイーラー゠ドウィット方程式と呼ばれている式である。[3]

この時間変数のない方程式が何を意味しているのか、はじめのうちは誰にもわからなかった。おそらくホイーラーやドウィット自身にもわかっていなかったのだろう（ホイーラー曰く、「時間を説明するには？　存在を説明しなくては。存在を説明するには？　時間を説明しなくては。そして、時間と存在の間に潜む深い関係を明らかにすることは……、今後の世代の仕事である」[4]）。この件については、大いに時間をかけて論じられてきた。会議が開かれ、論戦が行われ、たくさんの文章が書かれてきたのだ。[5] そのドタバタも落ち着いて、今ではかなり見通しがよくなったように思える。量子重力の基本式に時間が含まれていなくても、なんの不思議もない。基本的なレベルでは特別な変数は存在しない、という事実の結果でしかないのだから。

この理論は、時間のなかで物事が展開する様子を記述するわけではない。物事が互いに対してどう変化するか、[6] この世界の事柄が互いの関係においてどのように生じるかを記述する。ただそれだけのこと。

ブライスとジョンは、十数年前にこの世を去った。わたしはこの二人とは知り合いで、深く尊敬していた。マルセイユ大学のわたしの研究室の壁には、量子重力に関するわたしの最初の仕事のことを知ったときに、ジョン・ホイーラーがくれた手紙が貼ってある。その手紙を読み返すたびに、誇りと郷愁がない交ぜになった思いがあふれ出す。わずかばかりの出会いのチャンスに、もっといろいろなことを尋ねておけばよかった。最後に会いに行ったときは、プリンストンで長い散歩をともにした。ホイーラーは老人特有の弱々しい声でわたしに語りかけた。何をいっているのかほとんどわからなかったが、聞き返すことなどできようはずもなかった。ホイーラーは、もうこの世にいない。もはや何かを尋ねることも、自分の考えを伝えることもかなわない。あなたの着想は正しいと思います、あなたの考えたことがわたしの研究生活を終始導いてくれたのです、と告げることもできない。あなたこそが、量子重力の謎の核心に最初に近づいた方だったのだと思います。そういいたくても、もはや相手はここにいない。今、ここにはいない。これが、わたしたちにとっての時間なのだ。記憶と郷愁。そして、不在がもたらす痛み。

だが、不在だから悲しいのではない。愛着があり、愛しているから悲しいのだ。愛着がなければ、愛がなければ、不在によって心が痛むこともない。だからこそ、不在がもたらす痛みですら、結局は善いもの、美しいものなのだ。なぜならそれは、人生に意味を与えるものを糧として育つのだから。

ブライスにはじめて会ったのは、量子重力の研究グループを探し求めてロンドンに行ったときのことだった。新参の弱輩者だったわたしは、イタリアでは誰も取り組んでいなかったこの難解なテーマにすっかり魅せられていた。いっぽうブライスは、その領域の偉大なる導師《グル》だった。わたしがインペリアル・カレッジを訪れたのは、クリス・イシャムに会うためだった。カレッジに着くと、イシャムは屋上のテラスにいる、と告げられた。そのテラスの小さなテーブルを囲んでいたのは、わたしがそれまで研究していたアイデアの主な生みの親、クリス・イシャムとカレル・クハシュとブライス・ドウィットの三人だった。穏やかに議論している彼らの姿をガラス越しに目にしたときのあの強烈な印象を、今もはっきり覚えている。そばに行って話の腰を折るなんて、とんでもない。わたしの目には、三人の偉大な禅の老師たちが謎めいた笑みを浮かべて、計り知れない真理に関する意見を交換しているように見えた。

たぶん彼らは、どこで夕飯を取るか決めようとしていただけだったのだろう。あの場面を思い返してみると、当時の三人が今のわたしより若かったことに気がつく。これもまた、時間なのだ。視点が奇妙な具合にひっくり返る。ブライスは、亡くなる直前にイタリアで長いインタビューに応じており、それが小さな本にまとめられている。[7] わたしはその本を読んではじめて、ブライスがわたしの研究を詳細に、彼との直接の会話からは想像すらできなかった共感をもって追っていたことを知った。面と向かっているときは、どちらかというと励ましではなく批判の言葉をもらっていたのである。

ジョンとブライスは、わたしにとって心の父だった。喉がからからだったわたしは、二人のアイデアのなかに、新鮮な水、澄んだ新しい飲み水を見つけた。ありがとう、ジョン、ありがとう、ブライス。人間は、感情と考えを糧に生きている。同じ時間に同じ場所にいれば、言葉を交わし、互いの目を見て触れ合い、感情や考えを交換する。わたしたちは、このような遭遇や交流のネットワークから糧を得ているのだ。いや、むしろわたしたち自身が、このような遭遇や交流のネットワークなのである。しかし実際には、同じ時間に同じ場所にいなくても、このような交流は成り立つ。わたしたちを結びつける考えや感情は、薄い紙に固定されたり、コンピュータのマイクロチップの間を跳ね回ったりして、何の苦もなく海を越え、何十年、さらには何百年もの時を超える。わたしたちは、一生のうちの数日といった時間や、自分たちが歩き回る数平方メートルの空間をはるかに超えた広大なネットワークの一部であり、この本も、そのネットワークに織り込まれた一本の糸なのだ。

おやおや、すっかり話が逸れてしまった。ジョンとブライスへの郷愁にかられて思わず脱線したが、この章でわたしが言いたかったことはただ一つ。この二人によって、この世界の力学を記述するごく単純な構造の式が発見された。この世界の力学は一本の方程式で与えられ、その式は、そこに記述されているすべての変数の間の関係を確立している。すべては同じレベルにあるのだ。そしてその式は、起こり得る出来事とそれらの関係だけを記述している。

これがこの世界の構造の基本的な形であって、「時間」を論じる必要はない。時間という変数がない世界は、決して複雑ではないのだ。その世界は相互に連結した出来事のネットであって、そこに登場する変数は確率的な規則に忠実に従う。しかも驚いたことに、わたしたちはそれらの規則のかなりの部分を書き下すことができる。それは澄み切った世界、風が吹きすさび、山々の頂のような美しさに満ち、思春期の若者のひび割れた唇のように美しい世界なのだ。

基本的な量子事象とスピンのネットワーク

わたしの研究対象である「ループ量子重力理論の方程式」[8]は、現代版のホイーラー・ドウィット理論である。これらの方程式には、時間という変数がない。

この理論の変数は、さまざまな場——通常の物質や光子、電子、さらには電子以外の原子の構成要素を形作る場や重力場——をすべて同じレベルで記述する。ループ理論は「万物の統一理論」ではなく、科学の究極の理論であると主張するつもりもない。この理論は統一性がある個別の部分からなっており、自分たちがこれまでに理解してきたこの世界を「首尾一貫した形で」記述することを目指そうとしているにすぎない。

場は、素粒子、光子、重力量子――むしろ「空間量子」と呼ぶべきか――といった具合に粒のような形で現れる。これらの粒状に振る舞う基本的なものが空間を埋め尽くしているのではなく、これら「空間量子」が空間を形作っているのだ。いやむしろ、これらの相互作用のネットワークがこの世界の空間を生み出しているというべきなのだろう。これらは時間のなかに存在しているわけではなく、絶えず作用し合っており、その間断ない相互作用によってのみ存在する。そしてこの相互作用こそがこの世界における出来事の発生であり、時間の最小限の基本形態なのだ。時間は、元来方向があるわけではなく一直線でもなく、さらにいえばアインシュタインが研究したなめらかで曲がった幾何学のなかで生じるわけでもない。量子は相互作用という振る舞いを通じて、その相互作用においてのみ、さらには相互作用の相手との関係に限って、姿を現す。

これらの相互作用の力学は確率的だ。ほかの何かが起きるとしたときに、問題の何かが起きる確率は、原則としてこの理論の方程式で計算できる。

この世界で起きるすべての事柄の完璧な地図、完全な幾何学を描くことは、わたしたちには不可能だ。なぜなら時間の経過を含むそれらの出来事は、常に相互作用によって、その相互作用に関わる物理系との関係においてのみ生じるものだから。この世界は、互いに関連し合う視

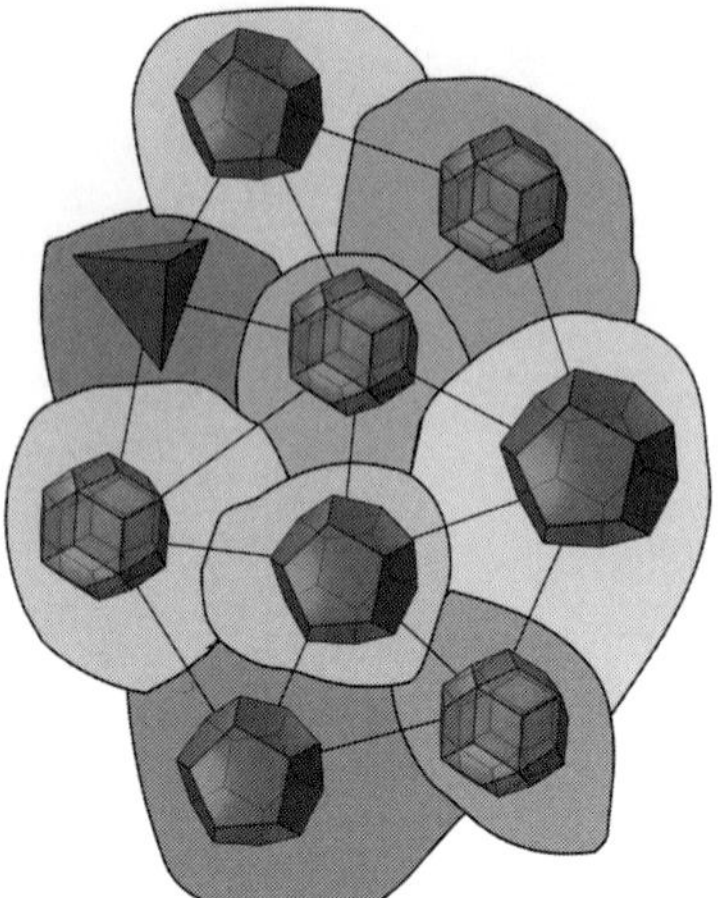

［図30］空間の基本となる量子のネットワーク（あるいはスピンネットワーク）の直感的な表現

点の集まりのようなもので、「外側から見た世界」について語ることは無意味なのだ。なぜならこの世界には「外側」がないのだから。

　重力場の基本となる量子は、プランクスケールに存在している。アインシュタインがニュートンの絶対的な時間と空間を再解釈する際に用いた可動性の織物を織りなすのは、これらの粒状に振る舞う基本的なものであって、空間の広がりや時間の持続を決めているのは、これらとその相互作用なのだ。

　空間の量子は空間的に「近い」という関係によって結び合わさり、網《ネット》になる。わたしたちはこれを、「スピンネットワーク」と呼んでいる。「スピン」という名前は、空間の量子を記述する数学からきている。[9] スピンネットワークの輪っかはループと呼ばれており、これが「ループ理論」という名前の由来になっている（図30）。

　さらにこれらの網は離散的なジャンプによって互いに転換し合うが、この理論ではそれらを「スピンの泡《フォーム》」という構造として記述する。[10]

［図31］スピンフォームの直感的な表現

これらのジャンプが生じることで肌理《きめ》が現れ、その肌理が、より大きなスケールのわたしたちの目にはなめらかな時空構造のように見える。この理論は、小さなスケールでは確率的で離散的な揺らぐ「量子時空」を記述しており、そのレベルでは、狂騒的な量子の群れが現れたり消えたりしているにすぎない（図31）。

これが、日々わたしが折り合いをつけようとしている世界だ。一風変わった世界だが、決して無意味ではない。たとえばマルセイユのわたしの研究グループでは、ブラックホールが量子的な段階を経て爆発するのに要する時間を計算しようとしている（図32）。

その段階では、ブラックホールの内部やその近傍にはもはや単一の定まった時空は存在しない。あるのは、スピンネットワークの量子重ね合わせだけなのだ。電子が発せられた瞬間からスクリーンに到着する瞬間までの間に確率の雲となって複数箇所を通れるようになるのと同じように、ブラック

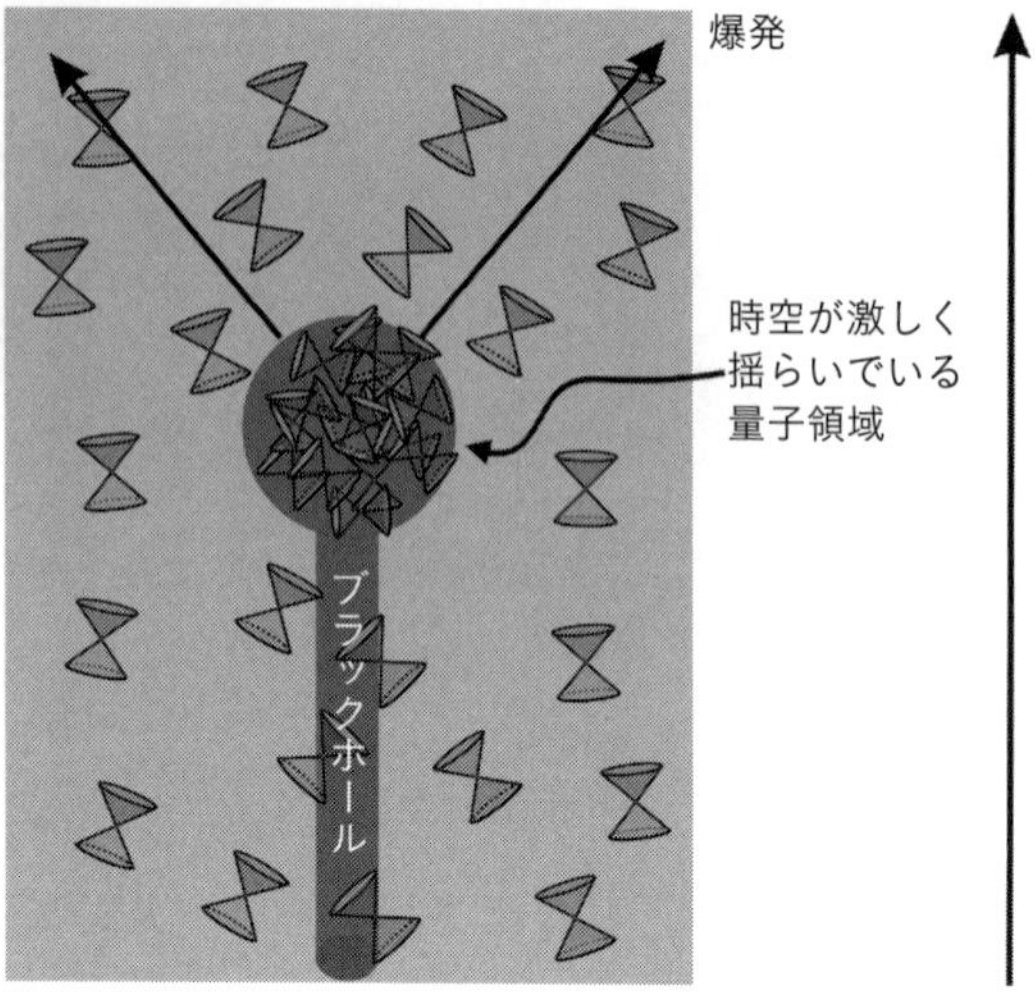

［図32］

ホールの量子崩壊の時空は、時間が激しく揺らぐ局面を経る。そして、そこには異なる時間の量子重ね合わせがあり、爆発が終わったところで確定した状態に戻る。

この中間の段階では時間はまったく不確定になるが、それでもそこで起きる事柄を示す式はある。いっさい時間を含まない式が存在するのだ。

これが、ループ理論の記述する世界である。

この理論がこの世界を正しく記述しているという確信があるのかと問われると、わたしにも断言はできない。だがわたしの知る限りでは、量子的な性質を無視することなく時空の構造を考え得る首尾一貫した完璧な方法は、これ以外にない。ループ量子重力理論を見れば、基礎となる時空がなくても首尾一貫した理論を作ることが可能で、その理論を使って定性的な予測を行えるということがわかる。

このようなタイプの理論では、時間と空間はもはやこの世界の入れ物でも一般的な形態でもなくなる。時間や空間そのものが、時間や空間のことなど知りもしない量子力学の近似なのだ。存在するのは、出来事と関係だけ。これが、基本的な物理学における時間のない世界なのである。

第三部

時間の源へ

第九章　時とは無知なり

尋ねることなかれ
レウコノエよ、
わが日々の終わり、なんじの日々の終わりを。
――そはわれらの知り得ぬこと――
難解な計算をしようとするなかれ。

（I,11）

産声を上げる時があり、息を引き取る時がある。さめざめと泣く時、踊る時、殺す時、癒えていく時。何かを打ち壊す時、何かを作る時。[1] ここまでは時間を打ち壊してきたが、これからは自分たちが経験する時間を再構築していく。その源を探り、どこから来ているのかを知る時が来たのだ。

かりにこの世界の基本的な力学において、すべての変数が同等だとすると、わたしたち人間が「時間」と呼んでいるものの正体は何なのか。腕時計はいったい何を計っているのか。絶えず前に進んで、決して後ろ向きにならないのは何なのか。なぜ後ろ向きにならないのか。この世界の基本原理に含まれていない、というところまでは良いとして、いったいそれは何なのか？じつは、この世界の基本原理に含まれず、何らかの形でただ「生じる」にすぎないものはたくさんある。たとえば、

●猫は宇宙の基本的な素材に含まれていない。この惑星のさまざまな場所で「生じ」、繰り返し現れる複雑なものなのだ。

●野原に少年たちがいて、サッカーの試合をするためにチームを作る。その方法はというと、いちばん積極的な二人が交互に好みのチームメイトを選ぶ。最初の一人をどちらが選ぶかは、コイントスで決める。こうして厳粛な手続きの末に、二つのチームができる。ではそれらのチームは、一連の手順が始まる前はどこにあったのか。どこにもなかった。この手続きから「生じた」のだ。

●「高い」とか「低い」ということは、どこから来ているのか。わたしたちにはすっかりお馴染みのことなのに、世界の基本的な方程式には含まれていない。これらは、すぐそばでわたしたちを引っぱる地球に由来している。「高い」とか「低い」というのは、宇宙のある種の状況において、近くに大きな物体がある場合に「生じる」ものなのだ。

●高い山のうえから見ると、谷は白い雲海に覆われている。そしてその表面は、一点の曇りもなく光り輝いている。そこで谷に向かって歩き始めると、空気は湿り気を帯び、空は青さを失ってぼんやり曇り始める。ふと気がつくと、わたしたちはすでに薄もやのなかにいる。あの雲の輝く表面はどこに行ったのか。消えたのだ。変化は徐々に進み、霧と澄んだ空気とを分かつ「表面」はどこにもない。あれは幻だったのか。いや、遠くから見た光景だったのだ。よく考えてみると、どの表面でも同じことがいえる。ここにある硬い大理石のテーブルも、わたしたちが原子レベルに縮めば、霧のように見えるはずだ。この世界のすべてのものが、近くで見るとぼやける。山は厳密にはどこで終わり、平野はどこから始まるのか。砂漠はどこで終わり、サバンナはどこから始まるのか。わたしたちはこの世界を大まかに切り分け、自分にとって意味がある概念の観点から捉えているが、それらの概念は、あるスケールで「生じている」のだ。

●わたしたちは毎日、天空が自分たちのまわりを回るのを見ているが、じつは回っているのはこちらである。では、宇宙が日々回っているというのは「幻」の光景なのか。否、幻ではなく現実だが、そこには宇宙以外のものが含まれている。自分たちと太陽や星との関係が含まれているのだ。自分たちがどのように動いているのかを考えればわかるはずで、宇宙の動きは、宇宙と自分たちの関係から「生じている」。

これらの例では、猫、サッカーチーム、高低、雲の表面、宇宙の回転といった実際に存在するものが、より基礎的なレベルではそれらが存在しない世界から「生じている」。時間は、今挙げたすべての例と同じような形で、時間のない世界に「生じる」のである。

これから時間を再構成していくわけだが、本章と次章は短いが内容が専門的なので、小難しいと感じた方は、飛ばしてそのまま第一一章に進んでいただきたい。そこからは一歩一歩、より人間的なものに近づいていく。

マクロな状態が定める時間

熱分子が猛烈に混じり合うとき、変わり得る変数はすべて連続的に変わる。ところが一つだけ、変わらないものがある。それは、外界と物質やエネルギーをやりとりしない系、つまり孤立系のエネルギーの総量である。エネルギーと時間には密接なつながりがある。この二つは、物理学者が「共役」と呼ぶ特別な量の対を形作っているのだ。位置と運動量、方向と角運動量も「共役」[2]で、これらの対を構成する二つの項は互いに結びついている。いっぽうで、ある系のエネルギーを知ること、その系がほかの変数とどのようにつながっているかを知ることは、時間の流れ方を知ることと等しい。なぜなら、時間のなかでの進展の方程式はそのエネルギーの式に従うからだ。[3] 他方で、エネルギーは時間のなかで保存されるから、たとえほかのすべてが変わったとしても、エネルギー自体は変わらない。何らかの孤立系[4]が熱運動のなかでエネルギーが等しいミクロの可能な状態すべてをとったとしても、エネルギーの枠そのものをはみ出すことはできないのだ。そして、わたしたちのぼやけたマクロの視野では区別できないこれらの配置の総体が「(マクロな)平衡状態」、つまり波一つないコップのなかのお湯なのである。

時間と平衡状態の関係を解釈する際には、通常、時間は客観的で絶対だと考える。系の時間進展を支配しているのはエネルギーで、平衡状態にある系はエネルギーの等しい配置すべてを混ぜ合わせる。したがってこの関係を理解するための標準的な論理では、

時間　→　エネルギー　→　マクロな状態[5]

となる。つまり、マクロな状態を定義するにはエネルギーを知る必要があり、エネルギーを定義するには時間の正体を知る必要があるのだ。さらにこの理屈では、まず時間が存在していて、ほかのものとは独立だということになる。

ところが、同じこの関係を別の角度から捉えることができる。要するに、逆から読むのだ。マクロな状態を観察すると、この世界のぼやけた像が得られるが、それをエネルギーを保存するような混ぜ合わせと解釈することができて、そこから時間が生まれる。つまり、

マクロな状態　→　エネルギー　→　時間[6]

となる。この結果から、新たな展望が開ける。「時間」らしく振る舞う特権的な変数がいっさい存在しない基本的な物理系――つまりすべての変数が同じレベルにあるにもかかわらず、マクロな状態として記述される不鮮明な像しか得られない物理系――では、包括的なマクロの状態が時間を決めるのだ。

ここは重要なポイントなのでもう一度繰り返しておくと、（詳細を無視した）マクロな状態によってある特定の変数が選ばれ、それが時間のいくつかの性質を備えているのである。つまり時間が決まるのは、単に像がぼやけているからなのだ。ボルツマンは、熱の振る舞いが像のぼやけと関係していることに気づいていた。その根拠となったのは、コップの水のなかに目に見えない無数のミクロな変数が存在するという事実だった。水のミクロな配置候補〔状態〕の数が、そのエントロピーになる。ところがさらにもう一ついえることがあって、そのぼやけ

自体が特殊な変数、すなわち時間を定める。

基本的な相対論的物理学では、先験的に時間の役割を演じる変数は皆無で、マクロな状態と時間の進展の関係をひっくり返すことができる。時間の進展が状態を決めるのではなく、状態、つまりぼやけが時間を決めるのだ。

マクロな状態によってこうして定められた時間を「熱時間」と呼ぶ。これは、いったいどのような意味で時間と呼べるのか。ミクロな視点でいうと、熱時間に特別なところはなく、ほかの変数とまるで変わらない。ところがマクロな視点から見ると、決定的な性質を備えている。まったく同じレベルにある膨大な数の変数のうちで、わたしたちが通常「時間」と呼んでいる変数にもっともよく似た振る舞いをするのが、熱時間なのだ。なぜならこの変数とマクロな状態の関係は、まさにわたしたちが熱力学を通して知っている関係だから。

そうはいっても、熱時間は普遍的な時間ではない。マクロな状態によって定まるということは、ぼやけ、つまり記述の不完全さによって定まるということだ。そこで次の章では、このぼやけがどこから来るのかを論じたい。だがその前にさらに一歩前進して、量子力学を考えに入れることにしよう。

非可換だから生まれる時間

時間と空間について考え続けている科学者のなかでももっとも明敏な人物であるロジャー・ペンローズ[7]は、相対性理論はわたしたちが経験する時間の流れと両立しないわけではないが、時間の流れを語るには相対性理論だけでは不十分と思われる、という結論に達した。そして、相対性理論に欠けているのは、量子の相互作用で起きることの記述なのだろうと示唆している。さらにフランスの偉大な数学者アラン・コンヌ[8]は、時間の源において量子の相互作用が果たす深い役割を指摘した。

ある相互作用によって粒子の位置が具体化すると、粒子の状態が変わる。また、速度が具体化する場合も、粒子の状態が変わる。しかも、速度が具体化してから位置が具体化したときの状態の変化は、その逆の順序で具体化したときの状態の変化と異なる。つまり順序が問題で、電子の位置を測ってから速度を測ると、速度を測ってから位置を測ったときとは違う状態に変化するのだ。

これを、量子変数の「非可換性」という。なぜなら位置と速度の順序は「交換できない」からで、順序を換えると、ただではすまなくなる。この非可換性は、量子力学の特徴となる現象の一つであり、それによって二つの物理変数が確定する際の順序が決まり、その結果、時間の芽が生まれる。物理的な変数の確定は孤立した行為ではなく相互作用であって、これらの相互作用の結果はその順序によって定まる。そしてその順序が、時間的な順序の原始形態なのである。

おそらく相互作用の結果がその順序に左右されるという事実こそが、この世界における時間の順序の一つの根っこなのだろう。コンヌが提唱するこの魅力的な着想によると、基本的な量子遷移における時間の最初の萌芽は、これらの相互作用が(部分的に)自然に順序づけられているという事実のなかに潜んでいる。

コンヌはこの着想を、優美な数学として提示した。物理的な変数の非可換性によって、暗黙のうちにある種の時間的な流れが定義されることを示したのだ。この非可換性ゆえに、系に含まれる物理変数全体が「非可換フォン・ノイマン環」という数学的な構造を定義する。そしてコンヌは、これらの構造自体のなかに内在的に定義された流れが存在することを示した。[9]

驚いたことに、コンヌが定義した量子系に付随する流れとわたしが論じてきた熱時間には、きわめて密接な関係がある。というのもコンヌが示したのは、ある量子系において異なるマクロ状態によって定まる熱流が、いくつかの内部対称性の自由度を別にして等価であり、[10]まさしくコンヌ・フローを形成するという事実だったからだ。[11]もっと簡単な言葉でいうと、マクロな状態によって定められる時間と、量子の非可換性によって定められる時間は、同じ現象の別の側面なのだ。

思うにこの熱的にして量子的な時間こそが、この現実の宇宙——根本的なレベルでは時間変数が存在しない宇宙——でわたしたちが「時間」と呼ぶ変数なのだ。[12]

量子の世界に固有の事物の不確定性は、ぼやけを生む。そしてボルツマンのぼやけゆえに、この世界は古典力学が指し示していそうなこととはまったく逆に、たとえ測定可能なものをすべて測定できたとしても、予測不能になる。

時間の核には、この二つのぼやけの起源——物理系がおびただしい数の粒子からなっているという事実と、量子的な不確定性——がある。時間の存在は、ぼやけと深く結びついているのだ。そしてそのようなぼやけが生じるのは、わたしたちがこの世界のミクロな詳細を知らないからだ。物理学における「時間」はけっきょくのところ、わたしたちがこの世界について無知であることの表れなのである。時とは、無知なり。

アラン・コンヌは二人の友人とともに短いＳＦ小説をまとめた。その物語の主人公シャルロットはほんの一瞬、世界に関するすべての情報を完全かつ鮮明な形で得ることができた。時間を超えて、直接世界を「見る」ことに成功したのだ。

わたしは未だかつてない幸運に恵まれて、自分という存在——特定の一瞬のわたしではなく、わたしという存在「丸ごと」——の包括的なビジョンを経験することができました。

そして空間におけるその有限性――これには誰も異を唱えないでしょう――を、時間のなかでの有限性――これはひじょうに多くの激しい怒りを引き起こします――と比べることができたのです。

そして時間のなかに戻ると、

わたしは、量子的情景が生み出した無限の情報をすべて失ったように感じました。そしてこの喪失ゆえに、否応もなく時間の流れに引きずり込まれたのです。

と述べている。こうして生まれたのが時間の感覚で、

このようにして再び時間が「生じた」ことは、わたしには不法な侵入、精神の混乱、苦悩、恐れや疎外感の源のように思えたのでした。[13]

としている。

わたしたちの現実の像がぼやけて不確定だからこそ、ある変数が決まる。熱時間と呼ばれる

その変数は、ある種の特別な性質を持っていることが明らかになり、それらの性質は、わたしたちが「時間」と呼ぶものの性質に似ている。それはマクロな状態と正しい関係にあるのだ。熱時間は熱力学と、ということは熱と関係があるが、それでもまだ、わたしたちが経験する時間とは似ていない。なぜなら過去と未来は区別されず、方向もなく、わたしたちが時の流れと呼んでいるものもないからだ。わたしたちはまだ、自分たちが経験する時間にたどり着いていない。

過去と未来の差、わたしたちにとってこれほどまでに重要なこの差は、いったいどこから来ているのだろう。

第一〇章　視点

その英知の
うかがい知れぬ闇のなかで、
神は尋ねる、
来るべき
日々の痕跡を。
そして笑う、
われら人間の不安を。

（III,29）

過去と未来の違いはすべて、かつてこの世界のエントロピーが低かったという事実に起因しているらしい。[1] ではなぜ、過去にはエントロピーが低かったのか。

この章では、その答えになりそうな着想を紹介したい――「この問いに対するわたしの答えと、そのおそらく途方もない推測に、みなさんが耳を貸してくれるのなら」。[2] これが正解だという確信はないが、わたし自身はこの考えにすっかり魅了されている。[3] ひょっとすると、これによって多くの事柄がはっきりするかもしれない。

回っているのはわたしたちのほうだ!

人類とは何者なのか。細かいことはさておき、ヒトは自然の一部であり、宇宙という偉大なフレスコ画の無数にあるかけら、それもちっぽけなかけらの一つである。

わたしたちとこの世界の残りの部分とは、互いに物理的に作用し合っている。もちろん、この世界のすべての変数がわたしたちと、さらにはわたしたちが属する部分と互いに作用し合っているわけではない。関わりがあるのはこの世界の変数のごく一部であって、ほとんどの変数とはまるで関わりがない。あちらがわたしたちを見つけることはなく、わたしたちもあちらを見つけることはない。だからこそ、この世界の配置が互いに異なっていたとしても、わたしたちにとっては同等になる。わたしとコップに入った水、この二つのかけらの物理的な相互作用は、一つひとつの水分子の動きとはまるで無関係だ。同様に、わたしと遠くの銀河、この二つのかけらの物理的な相互作用は、その銀河のなかで起きていることとまるで関係がない。したがって、わたしたちに見えているこの世界の像はぼやけている。なぜなら自分たちが属していてアクセスできる部分とわたしたち自身との物理的な相互作用では、ほとんどの変数がまったく感知されないからだ。

ボルツマンの理論の核心にはこのぼやけがあって、[4] そこから熱やエントロピーの概念が生まれ、さらにそれらの概念が、時間の流れを特徴づける現象に結びつく。系のエントロピーは明らかに、ぼやけによって左右される。エントロピーはわたしたちが何を識別しないかによって変わってくる。なぜならそれは、わたしたちには区別できない配置の数で決まるからだ。まったく同じミクロな配置のエントロピーが、あるレベルのぼやけでは高くなり、別のレベルのぼやけでは低くなる。

だからといって、このぼやけは人間の精神が生み出したものではなく、あくまで実際に存在する物理的な相互作用によって決まる。[5] エントロピーは恣意的でもなければ主観的な量でもなく、速度のような相対的な量なのだ。

物体の速度という性質は、その物体だけに由来するわけではなく、別の物体との関係で決まる。動いている列車のなかで走っている子どもの速度には、列車に対する（毎秒数歩という）値と、地面に対する（時速一〇〇キロメートルという）値の二通りがある。母親がその子に「じっとして！」と命じたからといって、地面に対してじっとさせるために、子どもを窓から投げ出そうと考えているわけではなく、列車に対して止まりなさい、といっているだけのこと。速度とは、何かほかのものに対する性質、すなわち相対的な量なのである。

エントロピーについても同じことがいえて、Bにとっての A のエントロピーとは、AとBの間の物理的な相互作用では区別されない A の状態の数なのだ。

この点はよく混乱のもとになるのだが、ここをはっきりさせることによって、時間の矢にまつわる謎の魅力的な解が見えてくる。

この世界のエントロピーは、この世界の配置だけでなく、世界の像のぼやけ方によっても左右される。そしてそのぼやけ方は、自分たちがどの変数と相互作用するか、つまりわたしたちがこの世界のどの部分に属しているかによって変わってくる。

わたしたちの目には、この世界が始まった頃のエントロピーはきわめて低かったように見える。しかし、それがこの世界全体の正確な状態を反映しているとは限らない。ひょっとするとわたしたちが物理系として相互作用してきた変数の部分集合に関してのみ、エントロピーが低く見えているのかもしれない。わたしたちがこの世界と相互に作用することによって生じた動的なぼやけに関しては――わたしたちがこの世界を記述する際のマクロな変数は決して多くないので――宇宙のエントロピーが低かったのだ。

これは事実である。そしてここから、過去にきわめて特殊な配置にあったのはじつは宇宙ではなかったという可能性が出てくる。たぶんわたしたちが、そしてわたしたちの宇宙との相互作用のあり方が特殊だったのだ。具体的なマクロの記述を定めるのは、わたしたち自身である。

宇宙のエントロピーが最初は低く、そのため時間の矢が存在するのは、おそらく宇宙そのものに原因があってのことではなく、わたしたちのほうに原因があるのだろう。これが、基本となる考え方だ。

　ここでもっとも雄大かつ明白な現象である天空の回転について考えてみよう。この現象は、わたしたちを取り囲む宇宙のもっとも壮大で直接的な特徴である。天空は回っている。それにしても、この回転はほんとうにこの宇宙の特徴なのか。じつは違う。何千年もの時間を要しはしたが、ついにわたしたちは天空の回転を理解した。回っているのは宇宙でなく、自分たちであることがわかったのだ。天空が回転しているように見えるのは、地球上のわたしたちが特殊な動き方をしており、そのせいで視野に影響が生じているからで、宇宙の力学に不思議な性質があるからではない。

　時間の矢についても、同じことがいえるのだろう。宇宙が始まったときにエントロピーが低かったのは、わたしたち――というよりも、わたしたちを含む物理的な系――と宇宙との相互作用の仕方が特殊だからなのかもしれない。わたしたちはさまざまな宇宙の性質のなかのきわめて特殊な部分集合を識別するようにできていて、そのせいで時間が方向づけられているのだ。

　わたしたちとこの世界の残りの部分が特殊な相互作用をしているからこそ宇宙が始まったときのエントロピーが低かった、というのはいったいどういうことなのだろう。

話はいたって簡単だ。赤が六枚、黒が六枚、計一二枚のカードを選んで、六枚の赤のカードが先に来るように並べる。それから少しカードを切って、最初のほうの赤いカードの間に黒のカードが何枚入っているかを調べる。すると、シャッフルする前は一枚もなかった黒いカードが、シャッフル後は何枚か交じっている。これは、エントロピー増大のもっとも基本的な例だ。このとき、最初に赤の間に交じっている黒いカードがゼロ枚だった（エントロピーが低い）のは、そもそも特殊な配置で始まっていたからだ。

ところがここで、また別のゲームをする。まず、カードをでたらめにシャッフルして最初の六枚を確認し、覚えておく。さらにもう少しシャッフルして、最初の六枚の間にそれ以外のカードがどのように入り込んだかを調べる。すると、最初はゼロ枚だったのが、シャッフル後は増えている。先ほどの例やエントロピーの場合と同じ結果が得られたわけだ。ところがこの場合には一つ決定的な違いがあって、最初のカードの配置はランダムだった。前半分に含まれているカードを記憶してその配置が特別だと宣言したのは、このわたしたちなのだ。

宇宙のエントロピーについても、同じことがいえるのかもしれない。たぶん、宇宙は特別な配置になってはいないのだ。おそらくわたしたちが特殊な物理系に属していて、その物理系に関する宇宙の状態が特殊なのだろう。

それにしてもなぜ、宇宙の最初の配置がその系に関しては特殊であるような物理系が存在するはずだ、といえるのか。なぜならこの広大な宇宙には無数の物理系があって、それらの相互作用の様子を数えると、さらに膨大な数になるからだ。そしてそれらのなかには、確率と巨大数の果てしないゲームの結果、過去に特定の値を取っていた、まさしくそれらの変数で宇宙の残りの部分と相互作用する物理系が、ほぼ確実に存在する。

この宇宙のような広大な宇宙に「特別な」部分集合があったとしても、まったく驚くにはあたらない。「誰かが」くじに当たったからといって、驚くようなことではないのだ。なぜなら、毎週誰かがくじに当たっているのだから。過去に宇宙全体が信じられないくらい「特別」な配置だったと考えるのは不自然だが、宇宙に「特別な」部分があったと考えるのはまったく不自然でない。

この意味で宇宙のある部分集合が特別だとすると、その部分集合に関しては、過去の宇宙のエントロピーは低く、熱力学の第二法則（エントロピー増大の法則）が保たれる。そしてそこには記憶が存在し、痕跡が残り——生命や思考や進化が生じ得る。

いいかえれば、もしも宇宙に何かそのようなものが存在したとすると——わたしは当然存在すると思っているのだが——わたしたちはそこに属している。ここで「わたしたち」といっているのは、自分たちが広く接することができ、宇宙を記述する際に用いている物理変数の集まりのことである。ということはたぶん、時間の流れはこの宇宙の特徴ではないのだろう。天空の回転と同じように、この宇宙の片隅にいるわたしたちの目に映る特殊な眺めなのだ。

それにしてもなぜ、わたしたちはこれらの特殊な系の一つに属することになったのか。リンゴ酒を嗜《たしな》む北ヨーロッパでリンゴが育ち、ワインを嗜む南ヨーロッパでブドウが育つのと同じ理由からなのか。それとも、わたし自身がわたしの母語が話されている場所に生まれ、わたしたちを温める太陽が遠すぎず近すぎず、まさに適切な距離にあるのと同じ理由からなのか。今紹介したすべての事例に見られる「奇妙な」一致は、じつは因果関係の向きを間違えたために生じたものだ。リンゴ酒を嗜むところでリンゴが育つのではなく、リンゴが育つところでリンゴ酒を嗜む。そう考えれば何の不思議もない。

同じように、無限の多様性を持つ宇宙に、最初のエントロピーを低く定義する特別な変数を通して世界の残りの部分と相互作用する物理系が、たまたま存在するのだろう。これらの系に関するエントロピーは絶えず増大する。さらにほかならぬそのあたりでは、時間の流れに特有の現象が起きる。生命が誕生し、進化が起こり、思考が生まれ、時間の経過を意識するようになるのだ。そこにはリンゴ酒を造るためのリンゴ、つまり時間がある。そしてその甘やかな汁には、人生の酸いも甘いもすべてが含まれている。

記述には視点がついてまわる

わたしたちは科学するにあたって、この世界をなるべく客観的な形で記述しようとする。そのために、己の視野が生み出すゆがみや錯覚をぬぐい去ろうとする。科学は客観性を希求し、合意可能な共通の視点を切望するのだ。

これはたいへん立派なことだが、観察を行う際に自分たちの視点を無視することで失われるものにも注意を払う必要がある。科学がどんなに客観性を希求するにしても、この世界におけるわたしたちの経験が世界の内側からのものだということを忘れてはならない。わたしたちがこの世界に向ける視線は、すべて特殊な視点からのものなのだ。

この事実を考えに入れると、さまざまなことがはっきりする。たとえば、地図がわたしたちに教えてくれることと、わたしたちが実際に見るものとの関係が明確になる。自分が見ているものと地図を引き比べるには、ある重要な情報を付け加える必要がある。その地図における自分の正確な位置を確認しなければならないのだ。地図そのものは、わたしたちがどこにいるのかを知らない。ただし、その地図が示している場所に固定されていれば話は別で、たとえば山村で見かける案内図には、赤い点が描かれていて、その脇に「あなたの現在地」と書かれていたりする。

それにしても、「あなたの現在地」というのも奇妙な言い方だ。地図はわたしたちの居場所をどうやって知るのだろう。ひょっとすると、こちらは遠くから双眼鏡でその地図を見ているかもしれないのに。それよりも「わたしは地図です。ここがわたしの現在地です」と書いて、その赤い点を矢印で指すべきなのだ。しかしそれでも、自分自身に言及しているこの文にはなんだか妙なところがある。いったいなぜなのか。

その理由は、哲学者のいう指標性〔指示性とも〕にある。指標性とは、ある種の単語——使われる場面によって違うものを意味する単語が持つ特性である。「ここ」「今」「わたし」「これ」「今夜」といった言葉はすべて、誰がどのような状況で発するかによって意味が変わる。わたし自身が「わたしの名前はカルロ・ロヴェッリです」といえば、それは正しいが、カルロ・ロヴェッリと呼ばれていない誰かが同じことをいうと、正しくなくなる。「今日は二〇一六年の九月一二日です」という文は、わたしがこの文を書いている時点では正しいが、数時間後には正しくなくなる。これらの指標的な言い回しは、何らかの視点が存在するという事実をあからさまにする。観測可能な世界のすべての記述に視点が含まれていることを明確にするのだ。

かりに視点を無視して世界を記述するとしたら、それはもっぱら空間の、時間の、主観の「外から」の記述で、それによってさまざまなことがいえるのかもしれないが、この世界の重要な側面を見落とすことになる。なぜならわたしたちに与えられたこの世界は、外側からではなく内側から見た世界であるからだ。

わたしたちがこの世界で見るものの多くは、自分たちの視点が果たす役割を考えに入れてはじめて理解可能になる。視点の役割を考慮しないと理解ができない。何を経験するにしても、わたしたちはこの世界の内側、すなわち頭のなか、脳のなか、空間内のある場所、時間のなかのある瞬間に位置している。自分たちの時間経験を理解する際には、自分たちがこの世界の内側にいるという認識が欠かせない。早い話が、「外側から見た」世界のなかにある時間構造と、自分たちが観察しているこの世界の性質、自分たちがそのなかにいてその一部であることの影響を受けているこの世界の性質とを混同してはならないのだ。[6]

地図を使うには、地図を外から見ているだけではだめで、自分たちがその地図が表しているもののどこに位置しているのかを知る必要がある。空間を巡る自分たちの経験を理解するには、ニュートン的な空間を考えるだけでは十分でなく、自分たちがこの空間を内側から見ていること、自分たちが特定の領域に限定された存在であることを念頭に置く必要がある。そして時間を理解するためには、外から考えているだけでは不十分で、自分たち、そして自分たちが経験するすべての瞬間が時間のなかにある、ということを理解する必要がある。

わたしたちは宇宙を内側から見ていて、宇宙の無数の変数のごく一部と相互に作用している。わたしたちに見えているのはぼやけた像で、ぼやけがあるということは、自分たちと相互作用している宇宙の力学がエントロピーに統《す》べられているということだ。エントロピーはぼやけの量、すなわち宇宙ではなくわたしたちに関わるものを測っているのだ。

今やわたしたちは、不穏なまでに自分自身に近づきつつある。今にもソフォクレスの『オイディプス王』に登場するテーバイの予言者テレイシアースの声が聞こえてきそうだ。「歩みを止めよ！　さもなくば、己を見つけてしまうであろう」。それともあれは、一二世紀の神秘家ヒルデガルト・フォン・ビンゲンの声なのか？　ヒルデガルトは絶対を求め続け、ついには宇宙の中央に「普遍の人」を据えた（図33）。

［図33］ヒルデガルト・フォン・ビンゲンの『神の業の書』（1164–1170）にある宇宙の中心の普遍の人

だがこの「わたしたち」にたどり着く前に、もう一つ章が必要だ。そこでは、視点に起因する現象でしかないと思われるエントロピーの増大が、どのようにして時間という広範な現象を丸ごと生じさせるのかを説明する。

ここで、読者の方々がまだわずかでも残っておられることを期待しつつ、第九章と第一〇章で歩んできた厳しい道のりをまとめておこう。根本のレベルにおけるこの世界は、時間のなかに順序づけられていない出来事の集まりである。それらの出来事は物理的な変数同士の関係を実現しており、これらの変数は元来同じレベルにある。世界のそれぞれの部分は変数全体のごく一部と相互に作用していて、それらの変数の値が「その部分系との関係におけるこの世界の状態」を定める。

一般に小さな系Sは、宇宙の残りの部分の詳細を区別しない。なぜならその系が相互作用するのは、宇宙の残りの変数のごく一部でしかないからだ。Sにとっての宇宙のエントロピーは、Sには判別できない宇宙の（ミクロな）状態の数に対応する。Sにとっての宇宙の姿は、エントロピーが高い状態である。なぜなら（定義からいって）エントロピーが高い配置のほうがミクロの状態の数が多く、実現確率が高くなるからだ。

先ほど説明したように、エントロピーの高い配置に伴う流れがあって、その流れのパラメータが熱時間になる。小さな系Sにとっては、熱時間の流れ全体から見たエントロピーは一般に高いまま推移し、せいぜい上下に揺らぐくらいである。なぜならここで扱っているのは、結局のところ固定された規則ではなく確率であるからだ。

ところが、わたしたちがたまたま暮らしている途方もなく広大なこの宇宙にある無数の小さな系Sのなかにはいくつかの特別な系があって、そこではエントロピーの変動によって、たまたま熱時間の流れの二つある端の片方におけるエントロピーが低くなっている。これらの系Sにとっては、エントロピーの変動は対称でなく、増大する。そしてわたしたちは、この増大を時の流れとして経験する。つまり特別なのは初期の宇宙の状態ではなく、わたしたちが属している小さな系Sなのだ。

自分たちのこの筋書きが妥当だという確信があるわけではないが、寡聞にして、これに勝る説を知らない。この筋書きを認めなければ、宇宙が始まったときにはエントロピーが低かったはずだ、という結果を既成事実として受け入れるしかない。以上終わり、なのだ。[7]

わたしたちはここまで、クラウジウスが主張し、ボルツマンが最初に解読した $\Delta S \geqq 0$ という法則に導かれて進んできた。エントロピーは決して減少しない。そして、この世界の一般法則を探すなかで一度は見失ったこの法則を、特殊な部分系に対する視点が影響しているのかもしれないということで再発見した。だから改めて、ここから出発することにしよう。

第一一章　特殊性から生じるもの

なぜ高い松と
青白いポプラが
枝をより合わせ
かくも甘やかな蔭をわたしたちにくれるのか。
なぜ流れる水が
ねじ曲がった小川に
輝く精神を作り出すのか。

(II,9)

エネルギーではなくエントロピーがこの世界を動かす

学校では、この世界を動かしているのはエネルギーだと教わった。だから、たとえば石油や太陽や核資源から、エネルギーを得なくてはならない。エネルギーはエンジンを動かし、植物を育て、毎朝わたしたちを元気いっぱいで目覚めさせる。

ところが一つ、辻褄の合わないことがある。これまた学校で習ったことだが、エネルギーは保存される。生み出されもしなければ、破壊されもしない。保存されるのなら、なぜわたしたちは新たなエネルギーを供給し続けなければならないのか。なぜ同じエネルギーを使い続けることができないのか。じつは、エネルギー自体はたくさんあるのに、使われていない。この世界が前に進むのに欠かせないのは、エネルギーではなく低いエントロピーなのだ。

力学的なエネルギーだろうと、化学的なものであろうと、電気的だろうと、位置的であろうと、すべてのエネルギーは熱エネルギー、つまり熱に形を変えて、冷たいもののなかに入る。その熱を勝手に取り戻して、再びそれを使って植物を育てたり、モーターを動かしたりすることはできない。この流れのなかで、エネルギー自体は変わらないが、エントロピーは増す。しかも、エントロピーは逆向きにできない。なぜなら、熱力学の第二法則があるからだ。

世界を動かしているのはエネルギー資源ではなく、低いエントロピーの資源なのだ。低いエントロピーがなければ、エネルギーは薄まって一様な熱となり、この世界は熱平衡状態になって眠りにつく。もはや過去と未来の区別はなく、何も起こらなくなる。

地球のすぐそばには、低いエントロピーの豊かな源がある。その名は太陽。太陽は、わたしたちに熱い光子を送る。すると地球は真っ暗な空に向かって、より温度の低い光子の形で熱を放射する。地球に入ってくるエネルギーの量は、出ていくエネルギーの量とほぼ等しい。つまり、このやりとりでエネルギーが手に入るわけではない（もしもこのやりとりでエネルギーが得られたら、わたしたちは破滅する。なぜならそれは、地球が温暖化するということだから）。ただし、地球に熱い光子が一つ届くと、それに対して冷たい光子が一〇個放出される。なぜなら太陽から来る熱い光子が、地球が放出する冷たい光子一〇個分のエネルギーを持っているからだ。ところが、（熱い）光子一つの配置の数は（冷たい）光子一〇個の配置の数より少ないから、熱い光子一つのほうが冷たい光子一〇個よりエントロピーが小さい。したがってわたしたちからすると、太陽は低いエントロピーの途切れることのない豊かな源なのである。この大量の低いエントロピーを自由に使えるからこそ、植物や動物が育ち、モーターや都市を造ることができ、思考を巡らしたり、この本のような著作を刷ることが可能になる。

では、太陽の低いエントロピーはどこから来るのだろう。じつは太陽自体が、よりエントロピーの低い配置から生まれた。太陽系の元になった原始太陽系星雲のエントロピーは、太陽より低かったのだ。こうしてどんどん過去に遡っていくと、ついには宇宙の最初のエントロピーがきわめて低い状態に行き着く。

このようなエントロピーの増大が、この宇宙の偉大な物語を推し進めているのである。

そうはいっても、宇宙におけるエントロピーの増大は、箱の内部の気体が拡散するときのように急速には進まず、時間をかけてゆっくり進む。巨大なお玉をもってしても、宇宙のような巨大なものをかき回すには時間がかかる。とりわけ何かの邪魔が入ったり、扉が閉ざされていたり、エントロピーがきわめて増大しにくい経路があったりすると、時間を食う。

今かりに薪《たきぎ》が一山あったとして、それをそのまま放っておけば、薪の山は長持ちする。ちなみにこれは、エントロピーが最大の状態ではない。なぜなら、薪の山を構成する炭素や水素といった元素がきわめて特殊な（秩序立った）形で組み合わさり、木という形を取っているからだ。これらの特殊な組み合わせが壊れると、エントロピーは大きくなる。これがまさに木が燃えるときに起こっていることで、元素は木を形作っている特殊な構造から解き放たれ、エントロピーが急激に増す（事実、燃焼は極めつきの不可逆な過程である）。だが、単に木があるだけで、勝手に燃え始めるわけではない。長い間エントロピーの低い状態にあった木は、何かが扉を開くことで、ようやくエントロピーの高い状態に移れるようになる。薪の山はトランプで作った城のような不安定な状態にあるが、何かのきっかけがなければ崩れない。その何かは、たとえば炎を作るマッチで、炎が加わることによって回路が開かれ、木はよりエントロピーの高い状態に移れるようになる。

エントロピーの増大を妨げる邪魔物は、宇宙の至る所にある。たとえば元来大昔の宇宙には、どこまでも水素が広がっていた。水素は融合して、エントロピーが水素より大きいヘリウムになることができる。だがそれには、ある回路を開く必要がある。水素が燃えてヘリウムになるには、星が発火しなければならないのだ。では、星を発火させるのは何か。それはまた別のエントロピーが増大する過程で、具体的には銀河の至る所を漂う大きな水素の雲が重力によって収縮する必要がある。収縮した水素の雲のほうが、すかすかな雲よりエントロピーが高いのだ[1]。ところが水素の雲は途方もない大きさだから、収縮するのに何百万年もかかる。濃縮された水素はようやく核融合の過程が始まるくらいの熱を持ち、核融合の火がつくと、さらなるエントロピーの増大に向けた扉が開いて、ついに水素が燃えてヘリウムになる。

宇宙の歴史全体が、このようなエントロピー増大の跳躍と遅滞で構成されており、その進行は、速くもなければ一様でもない。なぜなら物質は——薪の山にしろ、水素の雲にしろ——低いエントロピーの溜まりに閉じ込められているからで、何かが扉を開くと、そこではじめてエントロピーの増大が可能になる。そしてこのエントロピーの増大によってまた新たな扉が開かれ、さらなるエントロピーの増大が可能になるのだ。たとえば山岳地帯の貯水ダムが時間とともに風化すると、解き放たれた水が斜面を下ってエントロピーを増大させる。このでこぼこした過程が進んでいる間も、宇宙には孤立した大小のかけらがあって、わりと安定した状態にあり、ひじょうに長い間そのままの可能性がある。

生物も同様に、次々に連鎖するいくつもの過程で成り立っている。植物は、光合成を通じて太陽からのエントロピーが低い光子を貯め込む。動物は、捕食によって低いエントロピーを得る（エネルギーが手に入りさえすればよいのなら、餌をとる代わりに灼熱のサハラに向かうだろう）。生体の各細胞には複雑な化学反応網があり、そのなかのいくつもの扉が閉じたり開いたりすることによって、低いエントロピー資源の増大が可能になる。分子は、触媒となって過程を推進したり、制動をかけたりする。そして各過程でエントロピーが増大することで、全体が機能する。生命は、エントロピーを増大させるためのさまざまな過程のネットワークなのだ。[2]そしてそれらの過程は、互いに触媒として作用する。生命はきわめて秩序立った構造を生み出すとか、局所的にエントロピーを減少させるといわれることが多いが、これは事実ではない。単に、餌から低いエントロピーを得ているだけのことで、生命は宇宙のほかの部分同様、自己組織化された無秩序なのである。

きわめて陳腐な現象ですら、熱力学の第二法則によって規定されている。石が一つ、地べたに落ちる。なぜ落ちるのか？　よく見かけるのが、「石が自分を〝エネルギーの低い状態〟に持って行くから」という説明だ。それにしても、その石はなぜ自分をエネルギーが低い状態に置こうとするのか。エネルギーが保存されるのなら、どうしてエネルギーを失わなくてはならないのか。石が地球に当たって地球を暖める、つまり、石の力学的エネルギーが熱に変わるから、というのがその答えだ。しかも、その逆は起こり得ない。今かりに熱力学の第二法則が存在しなければ、つまり熱が存在せず、ミクロレベルの分子の運動がなければ、石はいつまでも弾み続け、決して地面に落ちて止まりはしない。

エネルギーではなくエントロピーが、石を地面にとどめ、この世界を回転させている。宇宙が存在するようになったこと自体が、シャッフルによって一組のトランプの秩序が崩れていくような、緩やかな無秩序化の過程なのだ。何か巨大な手があって、それが宇宙をかき混ぜているわけではない。宇宙自体が、閉じたり開いたりする部分同士の相互作用を通じて少しずつ自分をかき混ぜる。宇宙の広大な領域が、秩序立った配置に閉じ込められたままになっているが、やがてそのあちこちで新たな回路が開き、そこから無秩序が広がる。[3]

この世界で出来事が生じるのは、そして宇宙の歴史が記されていくのは、あらゆるものが抗いがたくかき混ぜられ、いくつかの秩序ある配置が無数の無秩序な配置へと向かうからだ。宇宙全体がごくゆっくりと崩れていく山のようなもので、その構造は徐々に崩壊しているのだ。

ごく小さな出来事からきわめて複雑な出来事まで、すべての出来事を生じさせているのは、このどこまでも増大するエントロピーの踊り、宇宙の始まりの低いエントロピーを糧とする踊りであって、これこそが破壊神シヴァの真の踊りなのである。

痕跡と原因

過去にエントロピーが低かったという事実から、ある重大な事実が導かれる。過去と未来の違いにとってきわめて重要で、至る所にある事実――それは、過去が現在のなかに痕跡を残すということだ。

痕跡は、どこにでもある。月のクレーターは、過去の衝突を物語っている。化石は、はるか昔に生きていた生物の形を教えてくれる。望遠鏡は、遠く離れた銀河がかつてどのようであったかを見せてくれる。書籍はわたしたちの過去の歴史を語り、わたしたちの脳には、記憶がぎっしり詰まっている。

過去の痕跡があるのに未来の痕跡が存在しないのは、ひとえに過去のエントロピーが低かったからだ。ほかに理由はない。なぜなら過去と未来の差を生み出すものは、かつてエントロピーが低かったという事実以外にないからだ。

痕跡を残すには、何かが止まる、つまり動くのをやめる必要がある。ところがこれは非可逆な過程で、エネルギーが熱へと劣化するときに限って起きる。こうしてコンピュータは熱を持ち、頭は熱を持ち、月に落ちた隕石は月を熱し、ベネディクト修道院の中世初期の羽根ペンまでが、文字が書かれるページを少しだけ温める。熱が存在しない世界では、すべてがしなやかに弾み、なんの痕跡も残らない。[4]

過去の痕跡が豊富だからこそ、「過去は定まっている」というお馴染みの感覚が生じる。未来に関しては、そのような痕跡がいっさいないので、「未来は定まっていない」と感じる。痕跡が存在するおかげで、わたしたちの脳は過去の出来事の広範な地図を作り出すことができる。だが、未来の出来事の地図は作れない。この事実から、自分たちはこの世界で自由に動ける、たとえ過去には働きかけられなくても、さまざまな未来のどれかを選ぶことができる、という印象が生まれる。

わたしたちの脳には自分では直接意識し得ない膨大なメカニズムがあるが（『ヴェニスの商人』の冒頭でアントーニオは、「なぜこんなに気が滅入るのか。……自分でもわからない」とつぶやく）、それらのメカニズムは、進化の過程で未来の可能性を計算できるように設計されてきた。それが、わたしたちのいう「意思決定」なのだ。脳は、現在が（いくつかの細かいことはさておき）まさに今の状態にあるという前提のもとで、それに続きそうないくつかの未来の候補を詳しく調べる。だからわたしたちはごく自然に、「結果」に先立つ「原因」との関係で物事を捉えるようになる。未来の特定の出来事の「原因」とは、その事柄だけが取り除かれた未来の世界では問題の出来事が起こり得ないような過去の事柄なのだ。[5]

したがってわたしたちの経験からすると、原因という概念は時間のなかでは非対称で、原因は結果の前に来る。とくに、二つの出来事の「原因が同じ」であることに気づくと、その共通の原因を未来ではなく過去に求める。[6]もしも近隣の二つの島を二つの津波が襲ったなら、両方の波の原因となる一つの出来事が、未来ではなく過去にあったと考える。とはいえ、過去から未来に向かう謎めいた「因果」の力があるから、過去に注目したわけではない。二つの出来事の間にありそうにない関連が見られたなら、何かありそうにないことが起きているはずで、そのようなことを起こせるのは、過去にエントロピーが低かったという状況しかないからだ。ほかに何があり得ようか。いいかえると、過去に共通の原因が存在するのは、過去にエントロピーが低かったことの表れでしかない。熱平衡の状態にある系や純粋に力学的な系では、因果によって識別される時間の方向は存在しないのだ。

基礎物理学の法則は、「原因」を語ることなく規則性のみを語り、過去と未来に関して対称である。イギリスの哲学者バートランド・ラッセルは有名な論文でこの点に着目し、「因果律は……過ぎ去った時代の遺物であり、ちょうど専制君主制度のように、害をなさないという勘違いのおかげで生き延びているにすぎない」[7]と強い調子で記している。むろんこれは誇張である。というのも根本のレベルで「原因」がないというだけの理由で、原因という概念自体が時代遅れになるわけではないからだ。[8]根底的なレベルでは猫も存在しないが、だからといってわたしが猫の世話をしなくなるわけではない。過去にエントロピーが低いという事実があればこそ、原因という概念が有効になる。

そうはいっても、記憶や因果、流れや「定まった過去と不確かな未来」といったものは、ある統計的な事実、すなわち宇宙の過去の状態としてありそうにないものがあるという事実がもたらす結果にわたしたちが与えた名前でしかない。

原因や記憶や痕跡、さらには何百年何千年にもわたる人間の歴史のみならず、何十億年にわたる壮大な宇宙の物語においても展開されてきたこの世界の成り立ちの歴史、これらすべてがはるか昔の事物の配置が「特殊」だったという事実から生じた結果にすぎないのである。[9]

そのうえ「特殊」というのは相対的な単語で、あくまで一つの視点にとって「特殊」なのだ。あるぼやけに関して特殊なのであって、そのぼやけは問題の物理系とこの世界の残りの部分との相互作用によって定まる。したがって因果や記憶や痕跡やこの世界自体の出来事の歴史もまた、視点がもたらす結果でしかないのかもしれない。ちょうど天空の回転が、この世界でのわたしたちの特殊な視点がもたらす結果であるように……。こうして非情にも、時間の研究はわたしたちを自分自身に引き戻す。わたしたちはついに、己と向き合うことになるのだ。

第一二章　マドレーヌの香り

幸いなるかな
自分を律することができる人は、
己の過ごした時間を
日ごと次のように語れる人は、
「わたしはこの日を生きた。
明日、神はわたしたちのうえに
地平まで暗い雲を伸ばし
あるいは晴れた暁を生み出す。
神はわれらのお粗末な過去を
変えることはなく、
逃げ行く時がわたしたちに割り当てた
出来事の記憶を引っ込めることはしない」と。
（III,29）

ではここで、自分自身に、そして自分たちが時間の性質との関わりで果たす役割に立ち戻ることにしよう。そもそもわたしたち人類は何なのか。実在するものなのか。しかし、この世界は実在するものではなく、互いに結び合わさった出来事によって構成されているのだった……であるならば、「わたし」とはいったい何なのか。

西暦一世紀にパーリ語で書かれた仏典『ミリンダ王の問い《ミリンダ・パンハ》』のなかで、ナーガセーナ（那先）はインドの王ミリンダ〔ギリシャ名メナンドロス一世〕の問いに対して、王は物として実在しているわけではない、と答えている[1]。

ミリンダ王がナーガセーナに「師よ、あなたのお名前は」と尋ねる。師は、「わたしはナーガセーナと呼ばれている。だが偉大なる王よ、ナーガセーナというのは一つの名前、称号、表現、単語でしかない。ここにはいかなる実体も存在しない」と答える。

王は、ひどく極端に響くこの主張を聞いて、驚く。

いかなる実体も存在しないとおっしゃるのなら、衣をまとって暮らしているのは誰ですか。徳に従って生きているのは、殺すのは、盗むのは、喜ぶのは、嘘をつくのは、誰なのです？　行う者がいなければ、もはや善も悪もなく……。

そして王は、実体は固有の存在であり、構成要素に還元できないはずだと主張する。

師よ、髪の毛がナーガセーナなのですか。爪が、歯が、肉が、骨が、ナーガセーナなのですか。名前が、感情が、知覚が、意識が？　あるいはこのどれでもないと……。

賢者は、「ナーガセーナはじつはそのどれでもない」と答え、王は議論に勝ったようだった。「ナーガセーナがそのいずれでもないとすれば、何かほかの物であるはずです。そしてその別の物が、ナーガセーナという人なのです。したがって、ナーガセーナは存在しています」。だが賢者は馬車は何でできているのかと問い、まったく同じ理屈でこの主張に反論する。

馬車とは車輪なのか。車軸なのか。それとも枠組みか。馬車は部分の集まりなのか。

王は注意深く答える。「確かに馬車は、車輪と車軸と枠組みの関係のことです。それらがわたしたちに対して一体となって機能することを馬車と呼んでいるのであって、これらの関係や出来事とは別に馬車が実在するわけではありません」。するとナーガセーナは勝ち誇ったようにいう。「馬車と同じように、ナーガセーナという名前も関係と出来事の集まりを指しているにすぎない」と。

わたしたちは、時間と空間のなかで構成された有限の過程であり、出来事なのだ。

それにしても、わたしたちが独立した実体でないとすると、何がわたしたちのアイデンティティー、「自分は一つのまとまった存在だ」という感覚の基になっているのか。このわたし、カルロをまとまりあるものとし、その髪や爪や足、さらには怒りや夢をも自分の一部だと感じさせ、悩み考えさまざまなことを感じている今日のカルロが昨日や明日のカルロと同じだと思わせているのは何なのか。

わたしたちのアイデンティティーの構成要素はいろいろあるが、この本の議論にとって重要なのはそのうちの三つの要素である。

（1）

第一に、わたしたち一人一人がこの世界に対する「一つの視点」と同一視されるということ。この世界は、自分たちの生存に欠くことのできない豊かな相互関係の広がりを通じて、各自のなかに反映されている。[2] 一人一人がこの世界を反映し、受け取った情報を厳格に統合された形で合成する複雑な過程なのだ。[3]

（2）

わたしたちのアイデンティティーの基になっている第二の素材には、ナーガセーナの馬車に通じるものがある。わたしたちはこの世界を反映するなかで、世界を組織して実在にする。つまり、グループ分けして、分節化した世界を思い描くのだ。自分たちがその世界とよりよく相互作用するために、一様で安定した最良の連続的過程としての世界を思い浮かべる。岩の集まりをまとめて「モンブラン」という単一の実在とし、一つのものと見なす。世界に線引きをして部分部分に分け、境界を策定し、細かく分けて似姿を作るのだ。

わたしたちの神経系は、このような形で機能するように作られている。感覚刺激を受け取って、情報を連続的に合成し、ある振る舞いを生み出す。その作業はニューロンのネットワークを通じて行われるが、それらのネットワークは柔軟な動的システムを形成していて、自分たちを絶えず変容させ、入ってくる情報の流れをできる限り予測しようとする。[4] そのためにニューロンのネットワークは、あるいは入ってくる情報のなかに見つけ、あるいはより間接的に自己形成の過程で見つけた反復パターンと、動的なシステムのなかのおおむね安定した不動点とを関連づけることによって進化していく。どうやらこのようなことが、現在ひじょうに活発に進行している脳の研究で明らかになろうとしているらしい。[5]

もしもその通りであるならば、「概念」のような「もの」は、感覚器官への入力や連続する自己形成の反復構造によって誘導されたニューロンの動的システムの不動点だということになる。これらの概念は、この世界に見いだされた反復構造そのものと、それらの反復構造とわたしたちとの相互作用の重要性によって定まるこの世界のいくつかの側面の組み合わせを反映している。それが、「馬車」なのだ。観念連合説を唱えたヒュームが今も存命だったなら、脳をここまで理解できるようになったことを知って、大いに喜んだことだろう。

わたしたちはとくに、自分とは「別」の人間と呼ばれる生命体を構成する過程を集め、一つのまとまった像を作る。なぜならわたしたちの生活は社会的で、ほかのヒトと盛んに相互作用を行うからだ。彼らはわたしたちにとって、きわめて重要な原因と結果の結び目《ノード》なのである。わたしたちは、自分と似た人々と相互作用することによって、「人間」という概念を形作ってきた。

思うに、己という概念はそこから生まれたのであって、内省から生まれたわけではない。「人」としての自分を考えるとき、わたしたちは仲間に当てはめるために自ら開発した精神的な回路を自分自身に適用しているのだ。

子どもの頃、わたしがはじめて抱いた自分のイメージは、母から見た子どもだった。わたしたちにとっての自分は、大部分が友達や愛する人や敵によって映し出された自分、映し出される自分なのである。

わたしはこれまでずっと、デカルトのものとされることが多いある考えに納得できずにいた。その見方によると、わたしたちの経験ではすべてに先立って「考える、だから存在する」という事実を認識するという。ただしそれをいえば、そもそもこの着想をデカルトに帰すること自体が間違っているように思われるのだが。「考える、ゆえに、我あり（Cogito ergo sum）」はデカルトによる認識の再構築の第一歩ではなく、第二歩なのだ。第一歩は、「疑う、ゆえに、考える（Dubito ergo cogito）」であって、デカルトは、主体としての存在の経験と直結した先験的《アプリオリ》な仮定を再構築の出発点としたわけではない。これはむしろ、一つ前のデカルトが疑うに至った過程の、経験的《アポステリオリ》で合理的な反映なのだ。もしも誰かが何かを疑うのなら、理屈からいって、疑っている人はそれについて考えていることになる。したがって、考えている人は存在するはずだ。このような思考過程がいかに私的であろうと、この考察そのものは、主観にとどまることのない第三者の視点からの根本的な考察である。デカルトは、主観による初歩的な経験ではなく、洗練された知性による方法的懐疑から出発したのである。

自分自身を主題とする思考は、その人の一次的な経験ではなく、ほかのさまざまな考えにもとづいて行われる複雑で文化的な推論である。わたし自身にとっての最初の経験は――それに何か意味があるとして——自分の周囲の世界を見ることであって、自分自身を見ることではなかった。思うに、わたしたちが「自分」という概念を持っているのは、自分たちのグループのほかのメンバーと関わるために何千年もかけて発展させてきた付加的な特徴としてのヒトの概念を自分自身に投影する術を、ある時点で身につけたからなのだ。わたしたちは、自分自身の同類から受け取った「己」という概念の反映なのである。

（3）

ところがここに、わたしたちのアイデンティティーの基礎となる三つ目の素材がある。おそらく必須の材料であり、時間を巡るこの本でかくも微妙な議論が行われる理由でもある。それは、記憶。

わたしたちは、連続するいくつもの瞬間における互いに無関係な過程の寄せ集めではない。わたしたちの存在の各瞬間は、記憶という名の特殊な糸で（もっとも近いものからもっとも遠いものまでの）自分の過去としっかり結びつけられている。わたしたちの現在は、過去の痕跡であふれかえっている。わたしたちは自分自身の歴史、物語なのだ。わたしは、ソファにもたれてラップトップコンピュータに「a」と打ち込んでいるこの瞬間の肉の塊ではない。今書いている文の痕跡でいっぱいの思考、わが母の愛撫、さらにはわたしを導いてくれた父の穏やかな優しさ、それがわたしだ。思春期の旅、読書によって頭のなかに層をなしていった文、わたしの愛する人々、絶望、友情、自分の書いたもの、聞いたもの、記憶に刻み込まれているさまざまな顔こそがこのわたし。そして何よりも、一分前に自分でお茶を入れ、少し前にコンピュータに「記憶」と打ち込み、今書き終えようとしている文を作り出したのが、わたしなのだ。もしもこれらすべてが消えたとして、それでもわたしは存在するのだろうか。わたしは現在進行形の長い小説であり、その物語が「わたしの人生」なのである。

時間のあちこちに散らばる過程を糊づけし、わたしたちを形作っているのは記憶だ。その意味で、わたしたちは時間のなかに存在する。だからこそ、わたしは昨日のわたしと同じなのだ。己を理解するということは、時間について真剣に考えることだ。ところが時間を理解しようとすると、自分自身について深く考える必要がある。

最近、脳の機能の研究をテーマとする『脳と時間：神経科学と物理学で解き明かす〈時間〉の謎』という著作が刊行された[6]。そこでは、脳が時間の経過と相互に作用して、過去と現在と未来に橋を架けるさまざまな方法について論じられている。おおまかにいうと、脳は過去の記憶を集め、それを使って絶えず未来を予測しようとする仕組みである。しかもこの作業が行われる時間のスケールは、きわめて短いものからごく長いものまで、ひじょうに広範かつ多様だ。誰かがこちらに向かって何かを投げると、わたしたちの手はすぐにその何かが来るはずの場所へと巧みに動く。脳が過去のさまざまな結果にもとづいて、こちらに向かって勢いよく飛んでくる物体のその後の位置を計算したのだ。

もっと長いスパンでいうと、わたしたちは種を蒔き、穀物を育てる。あるいは先を見越して、科学技術に投資し、新たな技術や知識を得ようとする。未来を予見できるようになれば、明らかに、生き延びる確率は高くなる。だから進化は、そのような神経構造を選んできた。その結果がわたしたちなのだ。こうやって過去の出来事と未来の出来事にまたがって生きていくことが、わたしたちの精神構造の核となっている。これが、わたしたちにとっての「時間」の流れなのだ。

わたしたちの神経系の配線は、基本的に動きをすぐさま察知するような構造になっている。一つの対象がある場所に現れてからすぐに別の場所に現れると、この二つは個別に脳に向かうばらばらな信号ではなく、何か動いているものを見ているという事実によって結びつけられた一つの信号になる。いいかえると、わたしたちが知覚しているのは現在ではなく(有限時間の規模で機能する装置にとって、現在は意味をなさない)、時間のなかで生じ、伸びていくものなのだ。時間のなかでの進展が脳の内部で凝縮され、継続として認識される。

このような洞察は古くからあって、今もよく知られているのが、聖アウグスティヌスの考察である。

アウグスティヌスは『告白』の第一一巻で、時間の性質を考察している。そして、わたしにいわせればきわめて退屈な、福音伝道師ばりの感嘆の声を差し挟みながら、時間を知覚して理解する自分たちの力をわかりやすく分析してみせる。その観察によると、わたしたちは常に現在にいる。なぜなら、過去は過ぎ去っているので存在せず、未来もまだやってきていないのでやはり存在しないからだ。そのうえでアウグスティヌスは、わたしたちは常に現在にしかおらず、しかも現在は定義からいって一瞬のものであるはずなのに、それでも自分たちが継続を意識し評価もできるのはなぜか、と問いかける。わたしたちは常に現在にいるのに、どうして過去について、時間について、かくも明確に知り得るのか。今ここには、過去も未来もない。ではどこにあるのか。それらはわたしたちのなかにある、というのがアウグスティヌスの結論だ。

ということは、時間の継続を計るものは、わたしの精神のなかにあるのだ。自分の精神が、時間は客観的なものだと言い張るのを許してはならない。わたしは時間を計る際に、自分の精神のなかにある現在の何かを計っている。これが時間でないとしたら、時間が何なのか、わたしにはまったくわからない。

この考え方には、一読して感じる以上の説得力がある。継続する時間を時計で計る、という言い方ができるが、それには異なる二つの瞬間に時計を読まねばならない。しかしこれは不可能だ。なぜならわたしたちは常にただ一つの瞬間にいるのであって、二つの瞬間には存在し得ないから。現在のわたしたちに見えるのは現在だけだ。何かを見て過去の痕跡と解釈することはできる。しかし過去の痕跡を見ることと時間の流れを感じることは、まったくの別物だ。そしてアウグスティヌスはこの違いの源、つまり時間が経過したという意識が己の内側にあることに気がついた。それは精神の一部であり、過去が脳の内部に残した痕跡なのだ。

アウグスティヌスの議論はじつにみごとなもので、わたしたちの音楽経験がその論拠となっている。賛美歌に耳を傾けるとき、一つの音の意味は、その前後の音によって与えられる。音楽は時間のなかにしかあり得ないのに、わたしたちが常に現在にしか存在し得ないとしたら、どうして音楽を聴くことができるのか。なぜなら、わたしたちの意識が記憶と予想にもとづいているからだ、とアウグスティヌスはいう。賛美歌や歌は、わたしたちが時間と呼ぶものによって何らかの方法で一つにまとめられ、わたしたちの心に届けられる。ゆえに、これが時間なのだ。時間は丸ごと現在にある。わたしたちの精神のなかに、記憶として、予想として存在するのである。

時間が精神のなかだけに存在するという考え方は、キリスト教の思想では強い力を持ち得なかった。実際、一二七七年にはパリ司教エティエンヌ・タンピエが、この主張を異端としてあからさまに非難している。タンピエがまとめた糾弾すべき信念の一覧には、次のように書かれていた。

Quod evum et tempus nichil sunt in re, sed solum in apprehensione.[7]

「時代や時間が実際には存在せず、精神のなかにのみ存在する〔という主張は異端である〕」。

ひょっとするとわたしのこの本も、異端に傾き始めているのかもしれない……。しかし、アウグスティヌスが今も聖人とされていることを思えば、それほど気に病むことでもないのだろう。結局のところ、キリスト教はきわめてしなやかなのだから……。

アウグスティヌスに反論するのは簡単だと思われる方がおいでかもしれない。自分の内部にあるという過去の痕跡は、外部の世界の現実の構造を反映するからこそ存在している、と主張すればそれですむ。たとえば一四世紀には、後期スコラ哲学者オッカムのウィリアムがその著書『自然哲学（*Philosophia Naturalis*）』で、人は天空の動きと自分のなかの動きをともに観察する、それゆえに、自分自身が世界と正しく共存することで時間を知覚している、と主張した。

また、その数百年後のフッサールは、いみじくも物理的な時間と「内的な時間意識」の違いを強調した。観念論の無用な渦に引き込まれまいとする健全な自然主義者にとって、最初にやってくるのは前者（物理的な世界）であって、わたしたちの理解の度合いとはまったく無関係に前者によって定まるのが後者（意識）だというのである。これはじつに理に適った反論だ。とはいえそれも物理学が、永遠の時間の流れはわたしたちの直感と足並みをそろえた普遍的な実在であるということを、再びわたしたちに保証してくれればの話だが。これに対して物理学が、じつはそのような時間は現実の基礎の部分には含まれないということをわたしたちに示したとき、それでもアウグスティヌスの観察を無視して、意識は時間の真の性質とは関係がない、といえるのか。

西洋の哲学は、時間の外的ではなく内的な性質について繰り返し調べてきた。カントはその著書『純粋理性批判』で空間と時間の性質を論じ、空間も時間も知識の先験的《アプリオリ》な形式であるとした。つまり、客観的な世界だけでなく、主体の側がこの世界を把握する際の方法とも関係しているというのだ。ただしカントは、空間を形作るのがわたしたちの外的な感覚、すなわち自分たちが外側の世界に見た事物を秩序づけるやり方であるのに対して、時間を形作るのはわたしたちの内的な感覚、すなわち自分自身の内的状態を秩序づけるやり方であることに気づいていた。ここでもまた、この世界の時間構造の基盤は、わたしたちの考え方や感じ方といった、自分たちの意識と密接に関係するものに求められるべきなのだ。ちなみに、この結果を認めたからといって、カントの超越論的哲学に搦め捕られる恐れはない。

「記憶」の観点から見た経験の形成に関するフッサールの論にアウグスティヌスのこだまが感じられるのは、アウグスティヌス同様、メロディーに耳を澄ますという比喩を用いているからだ[8](世界は数百年の間に洗練され、賛美歌はメロディーに取って代わられた)。わたしたちがある音を聞いた瞬間に、その前の音は「記憶にとどめられ」、今聞いた音もすぐに記憶の一部となる。そうやって音の記憶が連なり、やがて現在のなかに、次第にぼやけていく一連の過去の痕跡が形成される。[9]

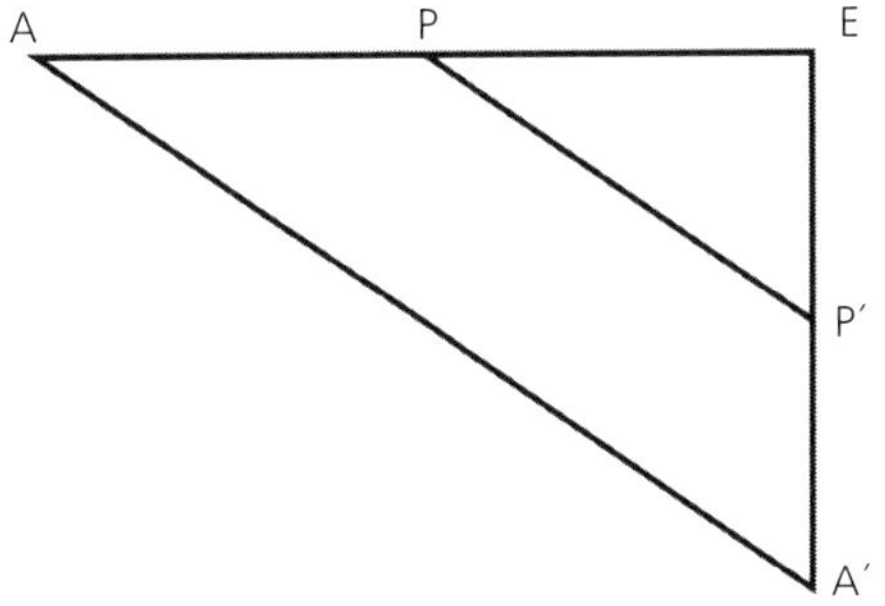

[図34]

フッサールによると、このような記憶の過程によって「時間の構成」という現象が生じる。図34はフッサールによるもので、AからEまでの水平線は時間の経過を、EからA′までの垂直線は瞬間Eの「記憶」を表す。そこでは漸《ぜん》進《しん》的沈下によってAがA′に運ばれている。これらの現象が時間を構成するのは、どの瞬間EにもP′やA′が存在するからだ。ここで興味深いのは、フッサールが、時間の現象学の源は仮想の客観的現象の連続(水平な線)ではなく、記憶(であり予想、フッサールはこれを「未来予持」と呼んでいる)、つまり図の垂直線にあるとしていることだ。わたしとしては、自然哲学的な意味では、たとえ直線的で包括的に組織された物理的時間が存在せず、エントロピーの変動によって生じた痕跡しかない物理世界であってもこれは正しい、ということを強調しておきたい。

フッサールに続いてマルティン・ハイデッガーは――いかにもハイデッガーらしい難解な言葉を、明快なガリレオの文体を愛する人間なりに解読したところによると――「時間は、そこに人間存在がある限りにおいて時間化する」と記している。[10] ハイデッガーにとっても、時間とは人類の時間、事をなすための時間であって、人類が使うためのものだったのだ。とはいえ最後には、人間、つまり「実存の問題をもたらす存在者」にとっての存在とは何かという問題への関心から、[11] 内的な時間意識を存在それ自体の地平と同一視するようになったのだが。

主体にとって時間がどれくらい固有なのかを巡るこれらの直感的な洞察は、健全な自然主義の枠組みでも重要だ。自然主義では主体を自然の一部と見なし、「現実」について恐れることなく語り、研究する。ただしそれと同時に、わたしたちの限りある道具、すなわちわたしたちの脳の機能によって直感や理解に徹底的にフィルターがかけられていることは認識している。そしてその脳自体もまた現実の一部であって、けっきょくは精神を機能させる構造と外側の世界の相互作用によって定まるのだ。

そうはいっても精神は、わたしたちの脳の機能によってもたらされる。その機能に関して最近得られた（ごくわずかな）知見の一つに、人間の脳全体がニューロン同士をつなぐシナプスに残された過去の痕跡の集まりにもとづいて機能している、という事実がある。脳のなかでは何千ものシナプス結合が絶えず形成されては削除され、とくに寝ている間に、それまでに神経系に働きかけてきた事柄のぼんやりした像が残される。絶えずわたしたちの目に流れ込む何百万もの細かい情報が記憶に残らないことを思うと、確かにぼんやりしているが、そこには世界がすっぽり収まる。

いくつもの果てしない世界が収まるのだ。

マルセル・プルーストの『失われた時を求めて』の冒頭で若き主人公が、毎朝、底知れぬ深みから立ち上る泡のように意識が立ち現れる瞬間に、目眩《めまい》とともに戸惑いながら再発見したのはこれらの世界だった。[12] マドレーヌの味わいからコンブレー村の香りを思い出した主人公の前に開けたのは、これらの世界の広大な領土だったのだ。著者は三〇〇〇ページにわたるすばらしい小説を通して、その広大な世界の地図をゆっくり展開する。ここで注意しておきたいのは、この作品がこの世界での出来事ではなく、一人の人間の記憶のなかにあるものを語っているという点だ。冒頭のマドレーヌの味わいから最終編である「見出された時」の「時」という最後の言葉まで、この作品はまさに、主人公の脳のシナプスの間にある、乱れて曲がりくねった複雑な流れそのものなのである。

プルーストは主人公の耳と耳の間に納まっている脳のしわの間に、限りない空間とあり得ないほどの詳細、香り、思考、感覚、熟考、修正、色、物、名前、容貌、感情といったものすべてを見いだした。これこそがわたしたちの経験する時間の流れであって、その流れは内側——わたしたちの内側——にしまわれている。それというのも、ひとえにわたしたちのニューロンに残された過去の痕跡のおかげなのだ。

プルーストは第一巻でこの点をはっきりさせている——「現実は、記憶のみによって形成される」[13]。そしてその記憶はといえば痕跡の集まりで、この世界の無秩序の、つまりかなり前のページで示された $\Delta S \geqq 0$ という小さな方程式の間接的な産物なのだ。この方程式はわたしたちに、この世界の状態はかつて「特殊な」配置にあり、そのため痕跡が残った(し、残る)と告げている。「特殊」といっても、おそらく(わたしたちを含む)希少な部分系との関係において、なのだが。

わたしたちは物語なのだ。両眼の後ろにある直径二〇センチメートルの入り組んだ部分に収められた物語であり、この世界の事物の混じり合い(と再度の混じり合い)によって残された痕跡が描いた線。エントロピーが増大する方向である未来に向けて出来事を予測するよう方向づけられた、この膨大で混沌とした宇宙のなかの少しばかり特殊な片隅に存在する線なのだ。

記憶と呼ばれるこの広がりとわたしたちの連続的な予測の過程が組み合わさったとき、わたしたちは時間を時間と感じ、自分を自分だと感じる。[14] どうか考えてみていただきたい。わたしたちが内省する際に、空間や物がないところにいる自分は簡単に想像できたとしても、時間がないところにいる自分を想像することができるものなのかを。[15]

自分たちが属する物理系にとって、その系がこの世界の残りの部分と相互作用する仕方が独特であるために、また、それによって痕跡が残るおかげで、さらには物理的な実在としてのわたしたちが記憶と予想からなっているからこそ、わたしたちの目の前に時間の展望が開ける。あたかも明かりに照らされた、小さな空き地のように。[16] 時間はわたしたちに、この世界への限定的なアクセスを開いてくれる。[17] つまり時間は、本質的に記憶と予測でできた脳の持ち主であるわたしたちヒトの、この世界との相互作用の形であり、わたしたちのアイデンティティーの源なのだ。[18]

そして、苦しみの源でもある。

仏陀はこのことをいくつかの格言にまとめ、何百万もの人々が、それを自分たちの生活の基盤としてきた。曰く、生まれることは苦である。老いは苦である。病は苦である。死は苦である。忌み嫌うものとの出会いは苦である。愛するものとの別れは苦である。望むものを得られないのは苦である……。[19] なぜ苦なのかというと、自分たちが持っているもの、愛着を持つものを失う定めにあるからだ。始まったものは、必ず終わる。わたしたちは過去や未来に苦しむのではなく、今この場所で、記憶のなかで、予測のなかで苦しむ。時さえなかったなら、と心から思い、時間の経過に耐える。つまり、時間に苦しめられる。時は悲嘆の種なのだ。

これが時間であり、だからこそわたしたちは時間に魅せられ、悩む。そして親愛なる読者、兄弟、姉妹のみなさんも、たぶん同じ理由でこの本を手にしているのだろう。時間は、この世界の束の間の構造、この世界の出来事のなかの短命な揺らぎでしかないからこそ、わたしたちをわたしたちとして生み出し得る。わたしたちは時でできている。時はわたしたちを存在させ、わたしたちに存在という貴い贈り物を与え、永遠というはかない幻想を作ることを許す。だからこそ、わたしたちのすべての苦悩が生まれる。

リヒャルト・シュトラウスの楽曲とホーフマンスタールの言葉は、このことをじつに軽やかに歌い上げている。[20]

娘時代を思い出す……
でも今はこんなに……
あの小さなレージーが、
いつの間に、おばあさんになってしまったの？
……もしも神様がそれを望まれるにしても、

なぜこのわたくしにそれを見せつけるの？
どうして隠してくださらないの？
すべては謎、とても深い謎……
時のなかで、すべてはなんともろいことでしょう。
心のうちでは、
何にもしがみついてはならないと感じているけれど。
なにもかもが、わたしの指をすり抜ける。
つかもうとしても、すべてが溶ける。
霧か、夢のように……
時は不思議なもの。
必要がなければ、何でもない。
それが突然、時だけになる。
時はわたしたちのまわりじゅうにある。わたしたちのなかにまで。
わたしたちの顔に染み込んでくる。
鏡のなかに染み込み、こめかみを抜けて流れていく……
わたしとあなたの間を何も言わずに流れていくの、まるで砂時計のように。

（……）
時が情け容赦なく流れるのが感じられることがある。
真夜中に起きることがあり、
すべての時計を止める……

第一三章　時の起源

おそらく神は、
わたしたちにたくさんの季節を残している——
あるいは、この冬が最後の季節なのか。
冬は今、ティレニアの海の波を導いて、
岸辺の風化した浮岩に打ちつける。
賢くあれかし。酒を注ぎ、
その希望の言葉を、
この短い生命の輪に閉じ込めよ。

（I,11）

始まりは、わたしたちに馴染みのある時間像、宇宙の至る所で等しく一様に時が流れ、すべての事柄が「時」の流れのなかで起きるというイメージだった。宇宙のあらゆる場所に現在、つまり「今」があって、それが現実だと思っていた。過去は誰にとっても過ぎ去ったもの、定まったものであり、未来は開かれていて、まだ定まっていない。現実は、過去から現在を経て未来へと流れ、事柄は、本来過去から未来へと非対称にしか進展しない。それが、この世界の基本構造だと思っていた。

お馴染みのこの枠組みは砕け散り、はるかに複雑な現実の近似でしかないことが明らかになった。

宇宙全体に共通な「今」は存在しない（第三章）。すべての出来事が過去、現在、未来と順序づけられているわけではなく、「部分的に」順序づけられているにすぎない。わたしたちの近くには「今」があるが、遠くの銀河に「今」は存在しない。「今」は大域的な現象ではなく、局所的なものなのだ。

世界の出来事を統べる基本方程式に、過去と未来の違いは存在しない（第二章）。過去と未来が違うと感じられる理由はただ一つ、過去の世界が、わたしたちのぼやけた目には「特殊」に映る状態だったからだ。

自分のまわりで経過する時間の速度は、自分がどこにいるのか、どのような速さで動いているのかによって変わってくる。時間は、質量に近いほうが（第一章）、そして速く動いたほうが（第三章）遅くなる。二つの出来事をつなぐ時間は一つでなく、さまざまであり得る。

時間が流れるリズムは、重力場によって決まる。重力場は真の実在であり、その力学はアインシュタインの方程式で記述される。今かりに量子効果を無視すると、時間と空間は、わたしたちが埋め込まれた巨大なゼリーの異なる側面なのだ（第四章）。

しかしこの世界は量子的であって、ゼラチン状の時空もまた近似でしかない。世界の基本原理には空間も時間もなく、ある物理量からほかの物理量へと変わっていく過程があるだけだ。そしてそこから、確率や関係を計算することができる（第五章）。

現在わかっているもっとも根本的なレベルでは、わたしたちが経験する時間に似たものはほぼないといえる。「時間」という特別な変数はなく、過去と未来に差はなく、時空もない（第二部）。それでも、この世界を記述する式を書くことはできる。それらの方程式では、変数が互いに対して発展していく（第八章）。それは「静的な」世界でも、すべての変化が幻である「ブロック宇宙」でもない（第七章）。それどころか、わたしたちのこの世界は物ではなく、出来事からなる世界なのだ（第六章）。

ここまでが外へ向かう旅、時間のない宇宙への旅だった。

そして帰りの旅では、この時間のない世界から出発して、わたしたちの時間の知覚がどのように生じるのかを理解しようとした（第三部）。すると驚いたことに、時間のお馴染みの性質が出現するにあたって、わたしたち自身が一役買っていた。この世界のごく小さな部分でしかない生き物の視点、つまりわたしたちの視点からは、この世界が時間のなかを流れるのが見える。この世界とわたしたちの相互作用は部分的で、そのためこの世界がぼやけて見える。このぼやけに、さらに量子の不確かさが加わる。そしてそこから生じる無知によって特殊な変数、つまり「熱時間」(第九章)の存在が決まり、わたしたちの不確定性を量で表したエントロピーが定まる。

おそらくわたしたちは世界の特別な部分集合に属していて、その部分集合と世界の残りの部分の相互作用では、熱時間のある特定の方向におけるエントロピーが低いのだろう。したがって時間の方向性は確かに現実ではあるが、視点がもたらすものなのだ(第一〇章)。ことわたしたちに関していえば、この世界のエントロピーは、わたしたちの熱時間とともに増大する。

そしてわたしたちは、自分たちが単純に「時間」と呼んでいる変数によって順序づけられた形で、さまざまな事柄が生じるのを目にする。わたしたちから見れば、エントロピーの増大が過去と未来の差を生み出し、宇宙の展開を先導し、それによって過去の痕跡、残滓、記憶の存在が決まるのだ(第一一章)。人類は、この壮大なエントロピー増大の歴史の一つの結果であって、これらの痕跡がもたらす記憶のおかげで一つにまとまっている。一人一人がこの世界を反映していればこそ、まとまった存在なのだ。なぜなら自分たちの同類と相互に作用することでまとまった実在のイメージを形作ってきたからで、それが、記憶によってまとめられたこの世界の眺めであるからだ(第一二章)。ここから、わたしたちが時間の「流れ」と呼ぶものが生まれる。これが、過ぎ行く時間に耳を澄ましたときに聞こえるものなのだ。

「時間」という変数は、世界を記述するたくさんの変数のなかの一つでしかない。重力場の変数の一つなのだが（第四章）、わたしたちの知覚のスケールでは、量子レベルの揺らぎは認識できない（第五章）。だから、ちょうどアインシュタインの巨大なゼリーのように、時空を定まったものとして思い描くことができる。わたしたちのスケールでは、このゼリーの動きは小さく、無視できる。したがって、時空を堅いテーブルのようなものと見なすことができるのだ。ちなみに、このテーブルには次元がある。一つは空間と呼ばれるもので、もう一つはエントロピーの増大に沿う形の時間と呼ばれるものだ。日常生活でのわたしたちの動きは光と比べてひどく遅いので、複数の固有時の差や時計の食い違いを感じることはなく、質量からの距離が違うことによって生じる時間経過の速度の違いも、小さすぎて判別できない。

だからけっきょくのところ、あり得るさまざまな時間ではなく、ただ一つの時間——自分たちが経験する、一様で順序づけられた普遍的な時間——について語ることが可能になる。これは、わたしたちの特殊な視点、エントロピーの増大を頼りとして時間の流れにしっかり根差したヒトとしての視点からの、この世界の近似の近似の近似なのだ。わたしたちには、旧約聖書の「コヘレトの言葉」[1]にあるように、生まれる時があり、死ぬ時がある。

これが、わたしたちにとっての時間だ。時間は、さまざまな近似に由来する多様な性質を持つ、複雑で重層的な概念なのだ。

時間の概念を巡る議論が往々にして混乱するのは、この概念の複雑で重層的な側面に気づいていないからだ。多様な層がそれぞれ独立であることを理解していないところに間違いがある。これが、終生時間を巡って研究を展開した末に、わたしが理解した時間の物理構造だ。

この物語の多くの部分は信頼できる。さらに、妥当だと思われている部分があり、全体像を理解するための試みとしてあえて提示された推測も含まれている。

第一部で述べたことのほとんどは、無数の実験によって確認済みだ。高さや速度による時間の遅延、現在が存在しないということ、時間と重力場との関係、異なる時間同士の関係が動的であること、基本方程式では時間の方向が認識されないこと、エントロピーとぼやけの関係、これらはすべてきちんと確認されている。[2]

重力場に量子的な性質があるという確信も共有されているが、現時点でこの主張を支えているのは理論にもとづく推論だけで、実験による証拠は得られていない。

基本方程式に時間変数がないということは、第二部でも述べたように妥当な説とされているが、これらの方程式を巡っては、今なお激しい議論が続いている。量子の非可換性から熱時間が生じるという見解と、わたしたちが観察するエントロピーの増大がわたしたちとこの宇宙との相互作用によって決まるという見解は、わたし自身は大いに魅力的だと思っているが、とうてい裏付けがあるとはいえない。

いずれにしてもほんとうに信用できるのは、この世界の時間構造がわたしたちの素朴なイメージとは異なるということだ。時間の素朴なイメージは、日々の生活には適していても、この世界をその細かい襞《ひだ》に至るまで、あるいはその広大なありようのままで理解するには不向きなのだ。そしてほぼ間違いなく、わたしたち自身の性質を理解するうえでも十分ではない。なぜなら時間の謎は、個人のアイデンティティーの謎、意識の謎と交わっているのだから。

時間の謎は絶えずわたしたちを悩ませ、深い感情をかき立ててきた。そしてその深みから、哲学や宗教が生まれてきた。

思うに、科学哲学者のハンス・ライヘンバッハが時間の性質に関するもっとも明快な著書の一つ、『時間の向き（*The Direction of Time*）』で述べているように、パルメニデスが時間の存在を否定しようとし、プラトンが時の外側にある理想《イデア》の世界を思い描き、ヘーゲルが、時間性を超越して精神が全き己を知る瞬間について論じたのは、時間がもたらす不安から逃れるためだったのだろう。わたしたちはこの不安から逃れるために、時間の外側にある「永遠」という未知の世界、神々、あるいは神、あるいは不死の魂が住まうであろう世界の存在を思い描いてきた。*

わたしたちの時間に対する態度がひどく感情的であったために、論理や理性よりもむしろ、哲学という名の聖堂の構築が推進された。さらに不安とはまるで逆の感情的な態度、たとえばヘラクレイトスやベルクソンの「時間への畏敬」からも多くの哲学が生まれたが、それでもわたしたちは、時間の理解にはまるで近づくことができなかった。

物理学は、幾重にも連なる謎の層を突き抜けようとするわたしたちに力を貸す。そして世界の時間構造がいかに自分たちの直感と異なるかを示す。そのうえで、自分たちの感情が引き起こす霧に惑わされずに時間の本質を研究することができる、という希望を与えてくれる。

ところが時間を研究するうちに、しだいに自分たちから遠ざかっていたはずが、自分自身を巡る事柄を発見することになった。ちょうど、コペルニクスが天体の動きを調べることで、自分の足下の地球がどのように動いているのかを理解するに至ったように。けっきょくのところ、時間に対する感情の高ぶりは、時間の本質を客観的に理解するのを妨げる煙幕ではないのかもしれない。

おそらく、時間に対する感情の高ぶりこそが、わたしたちにとっての時間なのだろう。

この先に、理解すべきことがさらにたくさんあるとは思えない。より一層の問いを投げかけることは可能だろう。しかし、きちんと定式化できない問いには注意が必要だ。自分たちが語り得る時間の様相をすべて見つければ、時間を見つけたことになる。自分たちが明確に語り得ない時間に関する直接的な感覚を表すために、じたばたと身振り手振りをすることはできる（「わかったよ。でも、なぜそれは〝過ぎる〟んだ？」）。しかしこうなると、もはや近似のための言葉に誤った形で実体を与えようとして、物事を混乱させるだけの話。問題を正確に定式化できないのは、往々にしてその問題が深遠だからではなく、誤っているからなのだ。

この先わたしたちは、物事をよりよく理解できるようになるのだろうか。なる、とわたしは思う。何百年もの時を経て、自然への理解は劇的に増し、わたしたちは現在も学び続けている。すでに、時間の謎を巡る何かが垣間見えているのだ。わたしたちは時間のない世界を見ることができる。自分たちの知っている時間がもはや存在しない世界の深い構造を、心の目で見抜くことができる。ちょうどポール・マッカートニーの「丘の上の愚か者《フール・オン・ザ・ヒル》」が沈む夕日を見て、地球が回っていることを悟ったように。そして、自分たちが時間であることを悟り始める。わた

*＝時間をテーマとするこの分析哲学の基本文献におけるライヘンバッハの主張に、ハイデッガーの省察の元になった着想ときわめて似通った響きがある、という事実はひじょうに興味深い。ただしそれに続く論点の乖離はひじょうに大きく、ライヘンバッハが物理学のなかに、自分たちをその一部とするこの世界での時間に関する知識を探し求めたのに対して、ハイデッガーは、人間存在の実存的な経験にとって時間とは何かということに関心を持った。そして、そこから得られた両者の時間のイメージはまるで異質なものになった。両者が相いれないものになったのは必然なのか。なぜそうなったのか。なぜなら、二人は別々の問題に取り組んでいたからだ。一人は、目をこらせばこらすほどぼろぼろであることが明らかになっていくこの世界の実際の時間の構造を調べ、もう一人は、わたしたちにとって、つまりわたしたちの「世界内的存在」という具体的な感覚にとって、時間の構造がどのような基本的特徴を持つのかを調べていたのである。

したちはこの広がり、ニューロン同士のつながりのなかにある記憶の痕跡によって開かれた空き地なのだ。記憶。そして、郷愁。わたしたちは、来ないかもしれない未来を切望する。このようにして開かれた空き地――記憶と期待によって開かれた空き地――が時間なのだ。それはときには苦悩のもとになるが、結局は途方もない贈り物なのである。

無限の組み合わせゲームがわたしたちのために開いてくれた、かけがえのない奇跡。わたしたちの存在を許すもの。わたしたちはもう、微笑んでよい。心穏やかに時のなかに戻り、自分たちの限りある時間に浸って、この短いサイクルの束の間の貴重な瞬間を慈しむことができるのだから。

眠りの姉

おお、セスティウスよ
人生の短い弧は、
長い望みを持つことを
わたしたちに禁ずる。
(I,4)

偉大なるインドの叙事詩『マハーバーラタ』の第三部では、ヤクシャ（夜叉）という力強い精霊が、物語の主人公である五人兄弟パーンダヴァの長男でありもっとも賢いユディシュティラに、最大の謎は何かと尋ねる。この問いに対する答えは、何百年もの時を超えて今なお響き渡っている。曰く、「日々無数の人々が死んでいるのに、それ以外の人はまるで自分が不死であるかのように生きていること」[1]。

わたしは、自分が不死であるかのように生きたいとは思わない。死は怖くない。恐ろしいのは苦しみであり、年を取ることだ。もっとも、老いた父の穏やかで楽しい生活を目にしてからは、それほど怖くもなくなったのだが。恐ろしいのは弱さであり、愛の不在である。死が怖いとは思わない。若い頃も恐ろしいと思っていなかったが、それをいえば、当時はただ、自分にとって遠いものだと感じていただけなのだろう。だが六〇歳になった今も、恐怖に襲われることはない。わたしは生をとても大切に思っている。けれども生はあがき、苦しみ、痛みでもある。死は、当然の休息なのだ。バッハは死を、眠りの姉と呼んでいた。みごとなカンタータBWV56「われ喜びて十字架を担わん」に登場するこの優しい姉は、すぐに駆けつけてわたしの目を閉じ、頭をなでてくれるだろう。

旧約聖書「ヨブ記」のヨブは、「日が満ちて」死んだ。じつにすばらしい表現だ。わたしもまた、「日が満ちた」と感じるときを迎えたい。そしてこの生涯という短いサイクルを、微笑みで締めくくりたい。それでも、生を楽しむことはできる。今まで通り、水面《みなも》に映る月を愛で、愛する女性《ひと》とのキスを楽しみ、すべてに意味を与えてくれるその女性の存在を喜ぶ。これまで通り、自宅での冬の日曜の午後を楽しむ。ソファに寝転がって紙に記号や式を書き散らし、わたしたちを取り巻く何千もの謎のなかの小さな謎をまた一つ捕まえられたら、と夢見るのだ。この金杯にあふれんばかりの生――優しくも敵対的で、澄み切っていながら計り知れず、予測不可能な生――を今まで通り楽しめると思うと嬉しい。とはいえわたしは、すでにこの杯のほろ苦い中身を十分味わってきたのだが。今かりに天使がやってきて、「カルロ、もう時間だよ」

といったなら、この文を書き終えるまで待ってくれ、といったりはすまい。天使を見上げてただ微笑み、その後に従おう。

死に対する恐れは、進化の手違いのように思える。多くの動物は、捕食者が近づくと、本能的な恐怖にかられて逃げようとする。これは健康的で健全な反応で、おかげで彼らは危険から逃れることができる。だが恐れを感じるのは一瞬で、その恐れが絶えずつきまとうことはない。一方でこれと似た自然淘汰の末に、前頭葉が異常に肥大した大型の猿が生み出され、未来を予測する能力を過剰に持つに至った。これは確かに役に立つ能力だが、その結果わたしたち猿は、避けられない死という見通しと直面することになった。そしてこの見通しが引き金となり、怯えて逃げようとする本能のスイッチが入るのだ。要するにわたしたちが死を恐れるのは、独立した二つの進化の圧力がたまたまぎこちなく干渉し合っているからなのだ。これは、脳が自動的に誤接続するせいで生じた恐怖であって、わたしたちの役にも立たず、意味もない。あらゆるものの継続には限りがあって、人類の継続も、また然り（「大地はその若さを失った。若さは幸福な夢のように過ぎ去ったのだ。わたしたちは今、日々破壊に、不毛に近づいている……」。インド神話の伝説的聖仙ヴィヤーサは、『マハーバーラタ』でこう述べている）[2]。時間の経過を恐れ、死を怖がるのは、現実を恐れ、太陽を怖がるようなものだ。恐れることは何もない。

これが、理性的な説明だ。しかしわたしたちの生活を動かしているのは、合理的な議論ではない。わたしたちは理性の助けを借りて考えを明確にし、間違いを見つける。ところが同じその理性によると、わたしたちの活動の動機は、ほ乳類としての、狩人としての、社会的な存在としての自分たちの内部構造に書き込まれているという。理性はこれらの結びつきを明らかにはしても、それらを生み出すわけではない。

わたしたちは、最初から理性的なわけでない。ひょっとすると次の段階で、多かれ少なかれ理性的になるのかもしれないが、はじめの段階のわたしたちは、生への渇き、飢え、愛への欲求、人間社会に自分の場所を見つけようとする本能に突き動かされている。そして最初の段階がなければ、次の段階は存在することすらできない。理性は本能の仲裁者となるが、仲裁する際の基本的な基準はまさにその本能なのだ。理性はこれらの渇きや事物に名前をつけて、わたしたちが障害物を迂回できるようにし、隠れているものが見えるようにする。そして、それこそ山のようにあるわたしたちの非効率な戦略、誤った信念や偏見を正してくれる。理性は、わたしたちの役に立つように発達してきたのだ。たとえば、今自分たちが狩りたいアンテロープの居場所に続いていると思って追っている足跡が、実は誤った痕跡であるということを理解するのを助けてくれるとか。しかし、わたしたちを突き動かしているものは、生についてじっくり考えたりはしない。それ自体が生なのだから。

では、ほんとうは何がわたしたちを動かしているのか。それを言葉にするのは難しい。たぶん、全体像はわからないのだろう。自分の内なる動機ならわかるし、名前もついている。わたしたちの動機はたくさんあって、なかにはほかの動物に通じるものもある。人間に固有の動機もある。そしてさらに、自分たちが属していると感じるより小さな集団だけが共有する動機も——飢えや渇き、好奇心、一人でいたくない気持ち、誰かを愛したいという気持ち、愛、幸福の希求、この世界に居場所を確保しなければという思い、認められたい、評価されたい、愛されたいという欲、忠節、名誉、神の愛、正義への渇望、自由、知識欲……。

これらはいったいどこから来ているのか。これらは、わたしたちの成り立ち、わたしたちのありようから来ている。わたしたちは長い淘汰の結果なのだ。化学的、生物的、社会的、文化的な構造が、さまざまなレベルで長い間相互に作用し、そこから今のわたしたちという奇妙な過程が生み出された。己を顧みたとしても、鏡で自分を見たとしても、その過程に関してわかることはごくわずか。わたしたちは、自分の精神の力で把握しきれるほど単純ではないのだ。人の前頭葉がかなり肥大したおかげで、月に行ったり、ブラックホールを見つけたり、自分たちがテントウムシのいとこであることを理解できるようになった。だがそれでも、自分に向かって自分のことを明快に説明できるほど大きくはなっていない。

それをいえば、「理解する」ということの意味すらはっきりしない。この世界を見て記述し、それに秩序を与える。この世界そのものと自分たちがそこに見ているものとのほんとうの関係は、じつはほとんどわかっていない。自分たちに見えているのがほんのわずかであることはわかっている。かろうじて、物体が発する電磁波の広範なスペクトルのなかのたった一つのちっぽけな窓を覗くぐらいで、物質の原子の構造も、空間が曲がっている様子も見えない。わたしたちは矛盾のない世界を見ているが、それは自分たちと宇宙との相互作用を基に推定したものであって、わたしたちの途方もなく愚かな脳にも処理できるように、過度に単純化した言葉でまとめられたものなのだ。わたしたちはその世界について、石や山や雲や人といった言葉を使って考える。これが、「わたしたちにとっての世界」なのだ。自分たちの世界とは別の世界について、たくさんのことを知っていたとしても、その「たくさん」がどのくらいなのかはわからない。

わたしたちの思考はそれ自体のもろさの餌食になるだけでなく、思考の基となっている原理の強い制約を受けている。数百年もあれば世界は変わり、悪魔と天使と魔女の世界が、原子と電磁波の世界になる。幻覚性のキノコが数グラムもあれば、目の前の現実はまるごと溶け去って、まったく別の形で再構成される。統合失調症の深刻な症状に悩む友達とともに過ごして、意思を疎通させようと何週間か悪戦苦闘をしてみれば、譫妄《せんもう》という芝居がかった巨大な装置にも世界を演出する力があることがわかる。しかもその譫妄と自分たちの巨大な集団的譫妄——わたしたちが社会的精神的生活の基礎とし、この世界を理解する際の基盤としているもの——

を区別する証拠を見つけることは難しい。ひょっとすると、ありきたりな物事の秩序から自分自身を引き離した人々の孤独ともろさがその証拠といえるのかもしれないが……。[3] わたしたちが見ている現実のありようは、わたしたちが組織した譫妄であり、それが進化して、結果としてはかなりよく機能し、わたしたちをここまで連れてきた。この譫妄と折り合いをつけて対処するためにわたしたちが見つけた道具は多岐にわたっており、なかでも最良の道具の一つが理性であることはすでに立証されている。理性は貴いものなのだ。

とはいえ理性も単なる道具、一本のペンチでしかない。わたしたちはそのペンチを用いて、火と氷でできた実体――自分たちが生き生きとした燃えるような感情として経験するもの――を扱う。それはまた、わたしたち自身を作っているものでもある。わたしたちを推し進め、引き戻すもの。わたしたちが美しい言葉で覆い隠すもの。それがわたしたちを行動に駆り立てる。しかもそこには、わたしたちの言説《ディスクール》の秩序をすり抜ける何かがある。なぜなら結局のところわたしたちには、どんなに整頓してみても、決まってその枠組みの外に残るものがあるということがわかっているのだから。

そしてわたしは思うのだ。人生――この短い人生――は、さまざまな感情の間断ない叫びにほかならない、と。わたしたちを前進させる叫び、わたしたちがときには神という名のもとに押し込めようとする感情の叫び、政治的な信念や、最後にはすべてがもっとも偉大な愛のなかできちんと秩序立っていると請け合ってくれる儀式の名のもとに閉じ込めようとする感情の叫び、それは美しく輝いている。あるときは苦痛の叫びとなり、あるときは歌となり。

そして歌は、アウグスティヌスの指摘にもあるように、時間の認識なのだ。それが、時間だ。ヴェーダの賛歌自体が、時間の開花なのである。[4]ベートーヴェンの「ミサ・ソレムニス」のベネディクトゥスに含まれるヴァイオリンの歌は純粋な美であり、純粋な絶望であり、純粋な喜びである。わたしたちは息を潜め、どういうわけかこれが意味の源だと感じつつ、宙を漂う。これこそが時間の源だと感じながら。

やがて歌は微かになり、やんでしまう。「銀の糸は切れた。金のランタンは砕けた。泉の壺《アンフォラ》は壊れ、手桶は井戸に落ち、埃は土に返る」[5]。それでよい。わたしたちは目を閉じて、休むことができる。わたしには、これらすべてが公正で美しく思える。これが、時なのだ。

図版クレジット

図1-2、図6、図23-24：©Peyo-2017 Licensed through I.M.P.S（Brussels）-www.smurf.com
図5：ルドルフ・フェンツィによるリトグラフ（1899年）©Hulton Archive/Getty Images
図20：ストラスブール大聖堂の日時計。コンラッド・ザイフェルによるヨハネス・リヒテンバーガーの彫刻（1493年）©Fototeca Gilardi
図21：©De Agostini/Getty Images
図22：ルイ・フランソワ・ルブリアックの作品（1751年）のエドワード・ホッジス・ベイリーによる彫像（1828年）©National Portrait Gallery, London/Foto Scala, Firenze
図31：トーマス・シーマンによる「量子スピンフォームのダイナミクス：芸術家の目を通して」©Thomas Thiemann（FAU Erlangen）, Max Planck Institute for Gravitational Physics（Albert Einstein Institute）, Milde Marketing Science Communication, exozet effects
図33：『神の業の書 ラテン語写本 1942』c. 9r（13世紀）。ルッカ州立図書館©Foto Scala Firenze（文化財・文化活動省のご厚意による）

日本語版解説

吉田伸夫

本書『時間は存在しない』は、「時間とは何か」という問題意識の下に、人々の通念を鮮やかに覆し、現代物理学の知見を駆使して時間の本質をえぐり出す、魅惑的な書物だ。

著者のカルロ・ロヴェッリは、物理学の成果を一般人にわかりやすく伝える達人である。彼の手になる著作は、最先端の知識を羅列するだけの退屈な啓蒙書ではない。二〇一四年に出版された『*La realtà non è come ci appare*（現実は目に見える通りではない）』（邦訳『すごい物理学講義』〔河出書房新社〕）のタイトルにも示されるように、人間が世界をどのように認識するかという根源的な問いに目を向け、しばしば哲学的な議論に踏み込んでいく。科学史の事例をふんだんに取り上げながらも、過去の見解を「古くさい間違った考え方」と否定はせず、アリストテレスやニュートンの自然観にも、思索の礎となる主張を見出す。教科書のような知識の押しつけとは正反対の語り口で、世界について熟考し、新たな見方を示すことの意義を教えてくれる。

ループ量子重力理論

ロヴェッリは、物理学の最前衛で「ループ量子重力理論」を主導する一人であり、その専門知識が本書で時間論を展開する際のベースとなっている。今日、物理学者の間では、量子論と重力理論を統合した「量子重力理論」の構築が大きな目標とされているが、「ループ量子重力理論」は、日本でも有名な「超ひも理論」と並んで、その有力候補である。

超ひも理論は、素粒子が点ではなくひも状だという「素粒子のひも理論」をグレードアップしたもので、時間や空間は、素粒子が運動するためのバックグラウンドとしてあらかじめ前提される。研究を進める過程で、ひも状の素粒子が振動しながら移動するときの振る舞いが重力を媒介する仮想的な素粒子と似ていることが判明し、物質や電磁場だけでなく、重力をも含む「万物の理論」だという見方が出てきた。

一方、ループ量子重力理論における時間や空間は、ループという根源的な要素から組み立てられた二次的なものである。ニュートン以降のほとんどの物理学理論では、時間は数学で言う「実数」と同じものとして扱われ、任意の値で指定される時刻が存在する。だが、ループ量子重力理論には、とびとびになった特定の時刻しかなく、時間そのものが〝量子化〟されている。「滞ることなく流れ続ける」という古典的なイメージに従う時間など、存在すべくもない。

ループ量子重力理論に関する研究は、ロヴェッリに、「時間や空間とは何か」という問題を突き詰めて考える機会を与えたのだろう。本書は、そうした思索が結実したものである。

現代物理学が時間の概念を覆した

第一部でロヴェッリは、現代物理学で明らかにされた科学的事実を踏まえながら、時間に関する誤った見方を一つずつ指摘していく。ここでは、物理学的な論点を抜き出しておこう。

ニュートンの『プリンキピア』では、時間が「宇宙のどこでも同じように流れる」とされる。しかし、この考えは、アインシュタインの一般相対論によって否定された。一般相対論によれば、時間と空間は、まるでゴムのように伸び縮みする実体であり、どこかにエネルギーが存在すると、その周辺で伸び縮みして構造にゆがみが生じる。このゆがみによって物理現象の伝わり方が変化することが、重力の作用なのである。天体が強い重力を生み出すのは、巨大なエネルギーの塊である天体の近くで時間の進み方が遅くなるせいである(第一章)。

時間は空間と一体化した広がりであり、過去と未来を区別する方向性もなければ(第二章)、「現在」という特別扱いされるべき時刻も存在しない(第三章)。ニュートンは、物質がなく何の現象も起きない真空中でも時間が流れるという「絶対時間」の考えを提唱したが、アインシュタインは、時間や空間それ自体が物理現象を担う実体だという事実を明らかにした。この実体は重力場と名付けられ、電気や磁気の担い手である電磁場と同じように、方程式に従って変動する(第四章)。

ただし、これで時間についての理論が完成したわけではない。第一部第五章で説明されるように、一九二〇年代後半に登場した量子論によって、物理学は大きな変更を余儀なくされた。

量子論で重力を扱う難しさ

量子論とは、ごく大まかに言えば、粒子の速度や場の強度などの物理量が揺らぎを持ち、一つの値に確定できないとする理論である。大半の物理学者は、あらゆる物理過程が量子論的な揺らぎを伴うと信じている。

古典的な電磁気学は、電場や磁場に量子論的な揺らぎがあると仮定すると、スムーズに量子論的な電磁気学に移行する。揺らぎの効果が狭い範囲に限定され、理論の全体的な構造を変えないからである。

ところが、重力ではそうはいかない。アインシュタインの理論に現れる重力場が量子論的な揺らぎを持っていると仮定した途端、揺らぎの影響で理論の構造そのものが大きく変わり、元の重力理論とは別物になってしまう。このため、量子論と重力理論を統合するには、アインシュタインのものとは異なる形式の理論を考案しなければならない。だが、素粒子反応などを利用した精密実験では、重力が電磁気力や核力と比べて何桁も弱いため、理論の方向性を定めるデータすら得られない。量子重力理論の候補がごく少数しかないのは、そのせいである。

そうした中で、ループ量子重力理論は、「時間や空間が根源的ではない」という新しい見方に基づいて、世界の記述を試みる。

時間のない世界をいかに記述するか

第二部では、第一部末の主張を受けて、「根源的な時間のない世界」をいかに記述すべきかが探究される。まず第六章で、こうした世界観の系譜が科学史的に検討される。

原子論者であるデモクリトスは、時間と切り離して定義できる不変な「原子」があり、原子が組み合わさって物体を作ると考えた。他方、アナクシマンドロスは、不変なものは存在せず、継続的に変化する現象や出来事があるのみで、時間は後から付いてくるという考え方をとる。ループ量子重力理論は、後者の系譜に連なる。

第八章に記されるように、この理論の原型は、一九六〇年代に行われたホイーラーとドウィットの研究に遡る。宇宙空間は、一三八億年前のビッグバン以降、一般相対論に従って膨張を続けている。こうした宇宙全体の振る舞いを扱う量子論を作ろうとしたところ、研究者自身が驚いたことに、時間を含まない方程式が導かれた。量子論的な宇宙は、「時間が経つにつれて膨張する」という形ではなく、宇宙の大きさと物質の状態の相互関係として表されたのである。

ホイーラーとドウィットが得た結果は、「基礎的な物理現象を記述するためには時間変数が必須だ」というニュートン以来の考え方に楔を打ち込んだ。ループ量子重力理論は、ホイーラーとドウィットの手法を独自に発展させたものであり、その方程式に時間は含まれない。

アインシュタインの重力は、連続的な時間・空間内部のあらゆる地点に存在する重力場によって表されるが、ループ量子重力理論では、端のない閉じた曲線(ループ)で定義されるループ変数が重力を表す。ただし、「一般相対論」という名称の元になった「相対性」という数学的な特徴は、重力場をループ変数に取り替えても保たれており、超ひも理論と異なって、アインシュタインの基本的なアイデアがそのまま活かされている。

このループは、時間や空間の内部にあるのではない。時間・空間に先んじてループだけが存在する。複数のループは、互いに作用を及ぼし合うことで、「スピンネットワーク」と呼ばれるネットワークを構成する。ループ量子重力理論における物理現象は、時間・空間という確固たるバックグラウンドの上で起きるのではなく、スピンネットワーク内部の相互関係として実現されるのである。スピンネットワークは、アインシュタインが想定したゴムのような時間・空間とは異なって、稠密《ちゅうみつ》ではなく言うなれば〝スカスカな〟状態にあるが、基準になるのがプランク長というきわめて短い長さなので、まるで連続的な時間や空間があるかのように感じられる。

時間のない世界に生まれる時間意識

ロヴェッリによれば、この世界の根源にあるのは、時間・空間に先立つネットワークであり、そこに時間の流れは存在しない。しかし、人間には、過去から未来に向かう時間の流れが、当たり前の事実のように感じられる。その理由は何か。

重力を記述する一般相対論だけでなく、電磁気や素粒子に関する理論にも、過去と未来を区別するような時間の方向性はない。時間の向きが指定できるのは、エントロピーの増大という統計的な変化を考慮に入れた場合に限られる。

初期の宇宙は、（本書第二章の例を用いれば、「トランプカードの山で上半分がすべて赤、下半分がすべて黒」という状態に似た）極端な低エントロピー状態にあった。そこから時間が隔たるにつれて、（シャッフルすると赤と黒のカードが交じるのと同じく）宇宙のエントロピーは増大する。人間は、物理現象の根底にある微細な基礎過程を識別できず、（赤と黒が分かれているか交じっているかといった）統計的な側面だけをぼんやりした視点から眺めるので、一方向的な変化を感じることになるのだ。

しかし、そう説明されても、まだ腑に落ちない人が多いだろう。なぜ、時間が流れるという感覚はこれほど強烈なのか？　そして、なぜ、初期の宇宙は低エントロピー状態だったのか？　第三部でロヴェッリが目を向けるのは、こうした根本的な問題である。

第九章では、物理的な出来事の時間順序が確定するのは、量子論的な効果が関与した結果だと主張される。この主張は、量子論に関する伝統的な「コペンハーゲン解釈」とは異なって、人間による観測がなくても物理的な状態が確定するという考え方を前提としており、ロヴェッリの独自性が強く表れる。

初期宇宙が低エントロピー状態である理由についても、斬新なアイデアが提示される（第一〇章）。観測データによれば、一三八億年前のビッグバンは、エネルギー分布にほとんど揺らぎのない〝まっさらな〟状態だったことがわかっている。ところが、ロヴェッリのアイデアによると、このデータは宇宙全体の状態を代表していない。われわれが見ているのは、始まりがたまたま低エントロピー状態だったため生命に適した環境を用意できた、きわめて特殊なサブシステムだというのだ。

第九章と第一〇章の内容は、必ずしも学界の定説ではない。しかし、他のどの説にも確証がある訳ではなく、決着はなかなかつきそうにない。そんな中で、ロヴェッリの主張は実に先鋭的かつ刺激的である。

第一一章〜第一二章になると、議論はさらに深化される。ロヴェッリは、アウグスティヌスやフッサールの主張を引用しながら、時間が経過するという内的な感覚が、未来によらず過去だけに関わる記憶の時間的非対称性に由来することを指摘する。その上で、記憶とは、中枢神経系におけるシナプス結合の形成と消滅という物質的なプロセスが生み出したものであり、過去の記憶だけが存在するのは、このプロセスがエントロピー増大の法則に従うことの直接的な帰結であると論じる。

量子重力理論のような最先端の理論物理学は高度に数学的であり、多くの研究者はひたすら数式をいじり回すだけで終わってしまう。ところが、ロヴェッリの論文や著作を読むと、数式をいじることよりも、現象の根源に迫ろうとする発想が大切にされている。本書における時間に関する議論も、いつしか物理学の範疇を飛び出して、脳科学や哲学の分野へと踏み込む。そこには、人間に可能なあらゆる思索を駆使して時間の謎を解明しようとする、熱い思いが感じられる。

訳者あとがき

これは、カルロ・ロヴェッリの一般の人々に向けた四冊目（邦訳される作品としては三冊目）の著書*L'ordine del tempo*（時間の順序）の、著者自身が手を入れた英語版とイタリア語原書にもとづく日本語全訳である。

二〇一七年から二〇一八年にかけて原書とその英語版が刊行されると、どちらも大好評を博した。イタリア本国では発行部数が一八万部に達し、三五カ国で刊行が予定される世界的ベストセラーとなったのだ。なかでも特筆すべきは、主立ったクォリティー・ペーパーの書評で絶賛されただけでなく、科学雑誌「ネイチャー」には宇宙論学者が書評記事を、研究者の情報交換用ＳＮＳ"Academia.edu"には科学哲学者が書評論文を、賛辞とともに投稿したことだ。この作品は、一般向けの啓蒙書として一級品であるだけでなく、専門家たちを魅了するだけのしっかりした内容を持っているのである。

本文にもあるように、*L'ordine del tempo*という原題は、古代ギリシャの自然哲学者アナクシマンドロスの「時間の順序に従って」という言葉からとられている。このこと一つをとっても、著者が現代物理学の一学徒としてではなく、自然哲学の系譜に連なる者として「時間」を論じていることは明らかだ。自然界の出来事を体系的に理解しようとする自然哲学の観点は、やがて自然科学の観点に取って代わられることになったわけだが、専門化、細分化されていなかっただけに、広がりがあった。事実、著者はこの作品で、「時間」にまつわる物理学の最近の成果だけでなく、神話や宗教者の解釈や詩や文学、さらには近代哲学や脳科学を援用して、シームレスに「時間」を論じている。なぜならスタンスの差こそあれ、これらすべての営みが、「時間」とは何なのかを探り、記述しようとする人間の営みであるからだ。

理論物理学者であるロヴェッリは、まず物理学がいかにして「時の流れは存在しない」という結論に至ったのかを平易かつダイナミックに紹介する。現代物理学だけに閉じていれば、以上終わり！でなんの不思議もないのだが、著者はそこで幕を引かずに、「存在しないといわれても、現に流れを感じるんだけど……」という個人の実感に寄り添い続ける。つまり、物理以外の手法に訴えてでも、なぜ「時の流れが感じられるのか」を追究し、ついには時を感じる「自分」へと迫るのだ。これはおそらく、著者自身が自分を取り囲む自然の成り立ちを知りたいという純粋な気持ちで物理学に取り組んできたことの表れなのだろう。科学技術や工学の礎たる有用な物理学ではなく、世界観に直結する文化としての物理学と向き合ってきたのだ。

一つ、数学と縁がある訳者にとって興味深かったのは、本文の一三七ページあたりに現代の物理学と数学の関係が垣間見えたことだった。ロヴェッリ自身は、従来の「時間に始まってマクロな状況に至る」という論理をひっくり返し、そこから「熱時間」の存在を推論した。そして、数学者のアラン・コンヌによる（量子力学の特徴たる）「非可換性」だけから自然に数学的なある種の流れが定義されるという証明の存在を知るのだが、このときロヴェッリは、強力な同志が見つかったと感じたのではなかったか。物理学では以前にも幾度か、自分たちが物理的現実に対する優れた直感を駆使して組み立てた世界像が、数学者が現実から完全に離陸して概念と論理のみに基づいて組み立てた世界像と一致していることが発覚したことがあり、物理学者はこれを、「自然科学における数学の不合理なまでの有効性」と呼んで重んじてきた。なぜなら数学と重なったという事実が、自分たちの描いた世界像に強い整合性があることの証になるからだ。現実との照らし合わせによる検証がまだ残っているにしても、自説が数学と重なったことは、ロヴェッリにとってたいへん心強いことだったはずだ。

学生活動家として社会との接点を求め、九カ月の北米放浪の末に、物理学を通して社会と関わることを決意し、ループ量子重力理論を打ち立てて、科学哲学学会の会員として科学史を研究し、アメリカの雑誌でもっとも影響力の強い一〇〇人の一人に選ばれたロヴェッリは、あるインタビューで「わたしは物理学に取り組む際に、感情を退けず、むしろ解放する。物理学をするということは、考え、計算し、文献を読み、議論するということだが、それらを推し進めているのは感情だ」と述べている。そのようなロヴェッリのすべてがぎゅっと凝縮されたこの詩的な作品を、どうかみなさんも楽しまれますように。

最後になりましたが、訳文を丁寧に見て数々の貴重な助言をくださった吉田伸夫先生に心より感謝いたします。この作品の訳を手がける機会をくださり、さまざまな形で助けてくださったＮＨＫ出版の加納展子さん、そして校閲の酒井清一さん、ほんとうにありがとうございました。

二〇一九年七月

冨永　星

原注

もっとも大きな謎、それはおそらく時間

1　アリストテレス『形而上学』I, 2, 982。

2　時という概念が層をなしているという点については、J・T・フレイザーが深く論じている。J. T. Fraser, *Of Time, Passion, and Knowledge*（時間と情熱と知識について）, Braziller, New York, 1975.

3　哲学者のマウロ・ドラートは、自分たちの経験と整合性のある物理学の基本概念枠を作る必要があると強調している。M. Dorato, *Che cos'è il tempo?*（時間とは何か）, Carocci, Roma, 2013.

第一章　所変われば時間も変わる

1　これが、一般相対性理論の神髄である。A. Einstein, 'Die Grundlage der allgemeinen Relativitätstheorie（一般相対性理論の基礎）', *Annalen der Physik*, 49, 1916, pp. 769-822.

2　弱い場の近似では、計量〔二点間の距離を定義する関数〕を $ds^2=(1+2\phi(x))dt^2-dx^2$ と書くことができる。ただし $\phi(x)$ はニュートン・ポテンシャルである。ニュートンの重力は、g_{00} という計量の時間成分に手を加えること——つまり時間の局所的減速を行うことで得られる。この計量の測地線〔二点間の最短距離を結ぶ線〕は物体の落下を記述し、ポテンシャルがより低いほう、時間が遅くなるほうに曲がる（これに類する注は、理論物理学に馴染みがある人のためのものである）。

3　"But the fool on the hill/ sees the sun going down,/ and the eyes in his head/ see the world spinning round....."（しかし丘の上の愚か者は／太陽が落ちていくのを見ている／そして彼の目は／地球が回っているのを見ている……）

4　Carlo Rovelli, *Che cos'è la scienza. La rivoluzione di Anassimandro*（科学とは何か：アナクシマンドロスの革命）, Mondadori, Milano, 2011.

5　たとえば、$t_{table}-t_{ground}=gh/c^2\ t_{ground}$。ただし c は光の速度、$g=9.8m/s^2$ は

ガリレオの加速度で、hはテーブルの高さ。

6　「時間座標」の単一の変数t〔座標時〕で書き下すこともできるが、このtは時計で計った時間を指すわけではなく（時計で計った時間はdtでなくdsによって決まる）、記述された世界を変えずに好きなように変えることができる。このtは、物理量を表しているわけではない。時計で計る時間は世界線〔時空のなかで点が描く軌跡〕γに沿った固有時で、$t_\gamma=\int_\gamma \sqrt{(g_{ab}(x)dx^a dx^b)}$で与えられる。この量と$ds$との物理的な関係については、後で論じる。

第二章　時間には方向がない

1　R.M. Rilke, *Duineser Elegien*, in *Sämtliche Werke*, Lintel, Frankfurt, vol. I, 1955, I, vv. 83-5.（邦訳『ドゥイノの悲歌』［手塚富雄訳、岩波書店］など、第1の悲歌・83〜85行）

2　フランス革命は科学の生命力があふれ出した瞬間でもあった。そしてそのなかで、化学、生物学、解析力学など多くの分野の基礎が築かれた。社会の革命が、科学の革命と手と手を携えて進んだのだ。パリの革命派の初代市長は天文学者、ラザール・N・M・カルノー〔国民公会の議長〕は数学者、マラー〔ジャン＝ポール、革命家〕は自分はなんといっても物理学者だと考えていた。ラヴォアジエ〔アントワーヌ、近代化学の父とも〕は政治的に活発で、ラグランジェ〔ジョゼフ＝ルイ、一八世紀最大の数学者とも〕は、人類にとってすばらしくも苦しいこの時代に次々に登場したさまざまな政府において賞賛された。これについては、S. Jones, *Revolutionary Science: Transformation and Turmoil in the Age of the Guillotine*（革命の科学：ギロチンの時代の変化と混乱）, Pegasus, New York, 2017を参照。

3　たとえばマクスウェルの方程式の磁場の符号や、素粒子の荷量《チャージ》〔電荷のような物理量を一般化した量〕を適宜変更することで。本質的なのは、CPT（チャージ共役変換〔物質と反物質の入れ替え〕、パリティー変換〔左右の入れ替え〕と時間反転）に対する不変性である。

4　ニュートンの方程式により、物体の加速〔減速はマイナスの加速と捉える〕の様子が決まる。さらに、この加速はフィルムを逆回しにしても変

わらない。上に投げ上げた石の加速は、落ちてくる石の加速と同じである。年月が逆に進むところを思い描くと、月は地球のまわりを逆に回るが、相変わらず地球に引かれているように見える。

5 量子重力を加えても、結論は変わらない。時間の方向の起源を探る努力については、たとえば、H.D. Zeh, *Die Physik der Zeitrichtung*（時間の向きの物理学）, Springer, Berlin, 1984を参照。

6 R. Clausius, 'Über verschiedene für die Anwendung bequeme Formen der Hauptgleichungen der mechanischen Wärmetheorie', *Annalen der Physik*, 125, 1865, pp. 353-400; p. 390.

7 具体的には、その物体から出て行く熱量を〔絶対〕温度で割ったもの。熱が熱い物体から出て冷たい物体に入るときに、総エントロピーは増す。なぜなら温度の差によって、出て行く熱量のエントロピーが、入ってくる熱のエントロピーより少ないからだ〔温度で割るので、高温物体のエントロピーのほうが小さい〕。すべての物体が同じ温度に達すると、エントロピーは最大に達する。つまり平衡状態に達するのである。

8 アルノルト・ゾンマーフェルト。

9 ヴィルヘルム・オストヴァルト。

10 エントロピーを定義するには、粗視化——つまり微視的状態と巨視的状態の区別が必要になる。巨視的状態のエントロピーは、それに対応する微視的状態の数で決まる。古典熱力学における粗視化は、系のいくつかの変数（たとえば気体の体積あるいは圧力）を外から「操作可能」あるいは「測定可能」なものとして扱うことを定めた瞬間に定義される。巨視的状態は、これらの巨視的な変数を固定することによって定義される。

11 つまり、量子力学を無視するのなら決定論的なやり方で、逆に量子力学を考慮するのなら確率論的なやり方で。どちらの場合も、未来に対するやり方と過去に対するやり方は同じである。

12 $S=k\log W$. Sはエントロピー、Wは微視的状態数、あるいは相空間〔位相空間とも〕で対応する体積で、kは現在ボルツマン定数と呼ばれている単なる係数である。この定数で（任意の）次元に調整する。

第三章　「現在」の終わり

1　一般相対性理論。A. Einstein, 'Die Grundlage der allgemeinen Relativitätstheorie'.（既出）

2　特殊相対性理論。　A. Einstein, 'Zur Elektrodynamik bewegter Körper', *Annalen per Physik*, 17, 1905, pp. 891-921.（邦訳「運動物体の電気力学について」『相対論』［物理学史研究刊行会編、上川友好ほか訳、東海大学出版会］）

3　J. C. Hafele and R. E. Keating, 'Around-the-World Atomic Clocks: Observed Relativistic Time Gains（世界一周原子時計：観測された相対性理論による時間獲得）', *Science*, 177, 1972, pp. 168-70.

4　このt'は、tおよびみなさんの速度と位置によって変わる。

5　気づいていたのはポアンカレ。ローレンツはtに物理的解釈を施そうとしたが、やり方がかなり雑だった。

6　アインシュタインはよく、マイケルソンとモーリーの〔光の速度の変化に関する〕実験は、自分が特殊相対性理論に到達するうえで重要ではなかったと主張していた。わたしにいわせれば、アインシュタインは正しく、ここから科学哲学の重要な要素をうかがうことができる。この世界の理解を進めるのに、新たな実験データは必ずしも必要でない。コペルニクスはプトレマイオス以上の観察データを持っていたわけではなく、プトレマイオスでも入手できたデータの詳細をうまく解釈して、そこから地動説を読み取る力があったのだ。ちょうど、アインシュタインがマクスウェルの方程式から新たな説を生み出したように。

7　二〇歳のお祝いをしているお姉さんを望遠鏡で見て、お姉さんに無線で誕生日おめでとうというメッセージを送ると、そのメッセージはお姉さんの二八歳の誕生日に着く。この場合の「今」は、光があちらを出発したとき（二〇歳）から光があちらに戻ったとき（二八歳）までのちょうど半分、つまり二四回目の誕生日だといえる。なんてすてきな着想なんだろう（もっともこれはわたしの独自のアイデアではなく、アインシュタインの「同時性」の定義なのだが）。しかしこれでは、共通の時間は定義できない。プロキシマbが遠ざかってい

るとして、これと同じ理屈でお姉さんの二四歳の誕生日と同時の瞬間を計算すると、ここ地球での「今」にならないのだ。いいかえれば、同時性をこのように定義したとして、お姉さんの生涯のAという瞬間とみなさんの生涯のBという瞬間がこちらにとって同時だとすると、その逆が成り立たなくなる。つまりお姉さんにとっては、AとBは同時でないのだ。両者の速度が異なるせいで、同時性の異なる面が定義されることになる。したがってこのやり方では、共通の「現在」という概念を得ることすらできなくなる。

8 空間的にここから離れている出来事の組み合わせ。

9 このことに最初に気づいた人物の一人が、クルト・ゲーデルだった。Kurt Gödel, 'An Example of a New Type of Cosmological Solutions of Einstein's Field Equations of Gravitation（アインシュタインの重力場方程式の新しいタイプの宇宙論的解の一例）', *Reviews of Modern Physics*, 21, 1949, pp. 447-50. その言葉を借りると、「『今』という概念は、ある観察者とそれ以外の宇宙とのある種の関係でしかない」。

10 一義性がある場合は「推移的だ」という。

11 かりに時間的閉曲線が存在するとして、部分的に順序が定まるというのも、現実に関しては強すぎる構造なのかもしれない。この点に関しては、たとえば、M. Lachièze-Rey, *Voyager dans le temps. La physique moderne et la temporalité*（時のなかへの旅：現代物理学と時間性）, Èditions du Seuil, Paris, 2013を参照。

12 過去への旅が論理的に不可能ではないという事実は、二〇世紀最大の哲学者の一人であるデイヴィッド・ルイスによるすばらしい論文に明示されている。D. Lewis, 'The Paradoxes of Time Travel（時間旅行のパラドックス）', *American Philosophical Quarterly*, 13, 1976, pp. 145-52, reprinted in *The Philosophy of Time*, eds. R. Le Poidevin and M. MacBeath, Oxford University Press, 1993.

13 これはフィンケルシュタイン座標におけるシュヴァルツシルト計量〔シュヴァルツシルト解〕の因果構造の表れである。

14 反対の声を上げている人々のなかに、わたしがとくに友情と愛情と尊敬を抱いている偉大な二人の科学者、リー・スモーリンとジョー

ジ・エリスがいる。L. Smolin, *Time Reborn*（時の再生）, Houghton Mifflin Harcourt, Boston, 2013, G. Ellis, 'On the Flow of Time（時の流れについて）', FQXi Essay, 2008, https://arxiv.org/abs/0812.0240; 'The Evolving Black Universe and the Meshing Together of Times（黒宇宙の進化といくつもの時間の噛み合わせ）', *Annals of the New York Academy of Sciences*, 1326, 2014, pp. 26-41; *How Can Physics Underlie the Mind?*, Springer, Berlin, 2016. 二人とも、たとえ現在の物理学では確認できないにしても、特権的な単一の時が存在していて、本物の「現在」が存在するはずだと強く主張している。科学は恋のようなもので、もっとも親しい人との間の不一致はもっとも強烈になる。時間のリアリティの基本的側面を明瞭に擁護している著作が、R. M. Unger and L. Smolin, *The Singular Universe and the Reality of Time*（奇妙な宇宙と時間のリアリティ）, Cambridge University Press, Cambridge, 2015である。もう一人、単一の時間の真の流れという概念を擁護している親友にサミー・マルーンがいる。わたしは彼とともに、過程のリズムを導く時間（「代謝の」時間）と普遍的な「本物の」時間とを区別しながら相対論的な物理を書き直すことができないかどうか探った。S. Maroun and C. Rovelli, 'Universal Time and Spacetime Metabolism（普遍的な時間と時空の代謝）', 2015. このような書き直しは可能であり、したがってスモーリン、エリス、マルーンの観点を守ることはできる。だがそれは、ほんとうに実りのあることなのだろうか。自分たちの直感に適合する記述をこの世界に押しつけるのか、それともこの世界に関する発見に自分たちの直感を順応させる術を身につけるのか、二つに一つ。わたし自身は、二つ目の戦術のほうが豊かだとほぼ確信している。

第四章　時間と事物は切り離せない

1　時間の感覚にドラッグが与える影響については、R.A. Sewell et al., 'Acute Effects of THC on Time Perception in Frequent and Infrequent Cannabis Users（マリファナ常用者、非常用者の時間知覚にテトラヒドロカンナビノールが及ぼす急性の影響）', *Psychopharmacology*, 226, 2013, pp. 401-13を参照されたい。

2 V. Arstila, 'Time Slows Down during Accidents (事故の間は時間がゆっくり流れる)', *Frontiers in Psychology*, 3, 196, 2012.

3 わたしたちの文化での話であって、時間の感覚が根底から異なる文化も存在する。D. L. Everett, *Don't Sleep, There are Snakes* (眠るな、蛇がいるぞ), Pantheon, New York, 2008.

4 たとえば *Holy Bible: Standard Text Edition* (欽定訳聖書), Cambridge University Press の The Gospel According to St. Mattews, Chapter 20, 1-16 など(日本語訳は時間表示が異なる)。

5 P. Galison, *Einstein's Clocks, Poincaré's Maps*, Norton, New York, 2003, p.126.(邦訳『アインシュタインの時計 ポアンカレの地図:鋳造される時間』[松浦俊輔訳、名古屋大学出版会])

6 A. Frank, *About Time* (時間について), Free Press, New York, 2001 では、わたしたちの時間の概念が技術によってしだいに変わる様子がみごとに概観されている。

7 D. A. Golombek, I. L. Bussi and P. V. Agostino, 'Minutes, Days and Years: Molecular Interactions among Different Scales of Biological Timing (分、日、年:異なるスケールの生物学的時間設定における分子相互作用)', *Philosophical Transactions of the Royal Society. Series B: Biological Sciences*, 369, 2014.

8 時は、"ἀριθμός κινήσεως κατὰ τὸ πρότερον καὶ ὕστερον (前と後における変化の数)"である(アリストテレス『自然学』IV, 219b2; 232 b22-3をも見よ)。

9 アリストテレス『自然学』IV 219, 4-6。

10 Isaac Newton, *Philosophiae Naturalis Principia Mathematica* (自然哲学の数学的諸原理), Book I, def. VIII, Scholium.(邦訳『プリンシピア』[中野猿人訳、講談社]など、1巻・定義8傍注)

11 同上、同ページ。

12 空間と時間の哲学への入門書としては、B.C. van Fraassen, *An Introduction to the Philosophy of Time and Space* (時間と空間の哲学入門), Random House, New York, 1970 がある。

13 ここでいうニュートンの基本方程式とは $F=m\, d^2x/dt^2$ のことである

（時間tが二乗になっていることに注意。そのためこの方程式ではtと$-t$を区別できない。したがって第二章で述べたように、時間が前進しても後退しても変わらない）。

14 おかしなことに、今日の科学史の手引き書ではライプニッツとニュートンの論争においてライプニッツのほうが大胆な異端で関係主義的で革新的な考えを持っていたかのように描かれていることが多い。だが実際は逆で、ライプニッツはアリストテレスからデカルトまでの時代に優勢だった空間理解を（豊かな議論によって新たに）擁護した。

15 アリストテレスの定義はさらに精密だった。ある物体の場所とは、その物体を囲むものの内側の縁のことである。じつに厳密で美しい定義だ。

第五章　時間の最小単位

1 このことに関してはさらに深く、拙著*La realtá non è come ci appare*, Cortina, Milano, 2014（邦訳『すごい物理学講義』［竹内薫監訳、河出書房新社］）で論じている。

2 プランク定数よりも小さなサイズでは、その相空間の領域における自由度を決めることができない。

3 光の速度、ニュートンの定数と、プランク定数。

4 Maimonides, *Dalālat al-hā'irīn*（迷える者の手引き）, I, 73, 106a.

5 アリストテレスの議論から、デモクリトスの思想を推論することはできる（たとえば『自然学』IV 213）。だがわたしには、証拠が足りないように思われる。Democrito, *Raccolta dei frammenti, interpretazione e commentario di Salomon Luria*（サロモン・ルリア編、断片集）, Bompiani, Milano, 2007を参照。

6 ド・ブロイ＝ボームの理論が正しいのなら別だが。その場合は正確な位置が存在するが、わたしたちの目には見えない。けっきょくのところ、それほど違いはないのだろう。

7 拙論文'Relational Quantum Mechanics（相互作用の観点からの量子力学）', *International Journal of Theoretical Physics*, 35, 1637 (1996),　http://

arxiv.org/abs/quant-ph/9609002を参照されたい。拙論文'Space is Blue and Birds Fly Through It', http://arxiv.org/abs/1712.02894をも見よ。

8 グレートフル・デッドの'Walk in the Sunshine'より。

第六章 この世界は、物ではなく出来事でできている

1 N. Goodman, *The Structure of Appearance*（外観の構造）, Harvard University Press, Cambridge, 1951.

第七章 語法がうまく合っていない

1 反対の立場については、第三章の注14を参照。

2 ジョン・マクタガートの時間に関する有名な論文（『時間の非実在性』［永井均訳、講談社］）の専門用語によると、これはA系列（「過去、現在、未来」というように時を組織だてること）が現実であることを否定するのに等しい。このとき時間的な決定の意味は、B系列（「〜の前、〜の後」というふうに時間を組織だてること）のみに還元される。マクタガートにとって、これは時間の実在を否定することを意味する。わたしにいわせると、マクタガートの視点は硬すぎる。わたしの自動車が、想像したものとも、自分の頭のなかであらかじめ定義したものとも異なる形で機能したという事実があるからといって、わたしの自動車が実在しないことにはならない。

3 アインシュタインの一九五五年三月二一日付のミケーレ・ベッソの妹と息子に宛てた手紙は、A. Einstein and M. Besso, *Correspondance*（書簡集）, 1903-1955, Hermann, Paris, 1972に収められている。

4 ブロック宇宙を擁護する古典的な議論は、一九六七年にヒラリー・パトナムの有名な論文で示された。H. Putnam, 'Time and Physical Geometry（時間と物理的幾何学）', *Journal of Philosophy*, 64, pp. 240-47. パトナムが用いたのはアインシュタインの同時性の定義である。第三章の注7で見たように、もしも地球とプロキシマ・ケンタウリbが遠ざかっているとすると、地球における出来事Aは（地球の人にとっては）プロキシマ上の出来事Bと同時になるが、その出来事は（プロキシマの上にいる人にとって）地球上の出来事Cと同時になり、し

かもこの出来事CはAの未来に存在する。パトナムは「同時である」ということが「本物の今である」と仮定して、演繹により(Cのような)未来の出来事が本物の「今」であるという結論に達した。この論の間違いは、アインシュタインの同時性の定義に存在論的な価値があると仮定したところにある。アインシュタインの定義は、じつは便宜上の定義でしかない。近似によって相対論的でないものに還元されるであろう相対論的な概念を確認するためのものなのだ。ところが、相対論的でない同時性が再帰的推移的な概念であるのに対して、アインシュタインの概念は再帰的推移的ではない。したがって、この二つが近似以外の場合にも存在論的に同じ意味を持つと考えるのはナンセンスなのだ。

5　ゲーデルは、現在主義が成り立たないことを物理学が発見したからには時間は幻である、という主張を展開した。Gödel, 'A Remark about the Relationship between Relativity Theory and Idealistic Philosophy(相対性理論と観念論哲学との関係についての所見)', in *Albert Einstein: Philosopher-Scientist*(アルベルト・アインシュタイン:哲学者、科学者としての), ed. P. A. Schlipp, Library of Living Philosophers, Evanston, 1949. この場合も、時間をオール・オア・ナッシングの概念的ブロックとして定義した点に間違いがある。この点を明確に論じているのがマウロ・ドラートである。M. Dorato, *Che cos'è il tempo?*(既出), p. 77.

6　たとえば、W. V. O. Quine, 'On What There Is(存在するものについて)', *Review of Metaphysics*, 2, 1948, pp. 21-38を、あるいはJ. L. Austin, *Sense and Sensibilia*, Clarendon Press, Oxford, 1962(邦訳『知覚の言語:センスとセンシビリア』[丹治信春ほか訳、勁草書房])に収められた現実の意味を巡るすばらしい議論を参照されたい。

7　*De Hebd.*(デ・ヘブドマディブス), II, 24. C. H. Kahn, *Anaximander and the Origins of Greek Cosmology*(アナクシマンドロスとギリシャ宇宙論の起源), Columbia University Press, New York, 1960, pp. 84-85の引用による。

8　アインシュタインがはじめは強く支持していた説に対する態度を後になって変えた例としては、①宇宙の膨張(最初は冷笑したが、後

になって受け入れた)、②重力波の存在(最初は自明だとして、それから否定し、さらに再び受け入れた)、③物質のない解を認めない一般相対性理論の方程式(長い間擁護し、その後打ち捨てたが、これは当然のことだった)、④シュヴァルツシルトの地平線の向こうには何もない(これは間違いだった。だがけっきょく間違いだということには気づかなかったようだ)、⑤重力場の方程式は一般共変性を持ち得ない(グロスマンとの仕事で、一九一二年に主張したものの、三年後にはその逆を主張した)、⑥宇宙定数の重要性(最初は認め、それから否定したが、じつは前者が正しかった)……などがある。

第八章　関係としての力学

1　時間のなかでのある系の進展を記述する力学理論の一般形は、一つの相空間と一つのハミルトニアンHによって与えられ、その進展は、時間tをパラメータとしてHが生み出す軌跡で記述される。これに対して、複数の変数の互いに関する進展を記述する力学理論の一般形は、一つの相空間と制約条件Cによって与えられる。変数同士の関係は、部分空間C=0のなかでCが生み出す軌跡によって与えられる。これらの軌跡のパラメータ化に物理的な意味はない。専門的で詳細な議論は、拙著*Quantum Gravity*(量子重力), Cambridge University Press, Cambridge, 2004の第三章を参照されたい。簡潔で専門的議論は、拙論文'Forget Time(時間を忘れろ)', *Foundations of Physics*, 41, 2011, pp. 1475-90, https://arxiv.org/abs/0903.3832を参照されたい。

2　ループ量子重力の方程式の一般向けの説明は、拙著『すごい物理学講義』を参照されたい。

3　B. S. DeWitt, 'Quantum Theory of Gravity. I. The Canonical Theory(重力の量子論I　正準理論)', *Physical Review*, 160, 1967, pp. 1113-48.

4　J. A. Wheeler, 'Hermann Weyl and the Unity of Knowledge(ヘルマン・ワイルと知の統一体)', *American Scientist*, 74, 1986, pp. 366-75.

5　J. Butterfield and C. J. Isham, 'On the Emergence of Time in Quantum Gravity(量子重力における時間の発生について)' in *The Arguments of Time*, ed. J Butterfield, Oxford University Press, Oxford, 1999, pp. 111-68 (http://

philsci-archive.pitt.edu/1914/1/EmergTimeQG=9901024.pdf). H.-D. Zeh, *Die Physik der Zeitrichtung*（既出）, *Physics Meets Philosophy at the Planck Scale*（物理学はプランクスケールで哲学に出合う）, ed. C. Callender and N. Huggett, Cambridge University Press, Cambridge, 2001. S. Carroll, *From Eternity to Here*（永遠からここまで）, Dutton, New York, 2010.

6　時のなかでの系の進展を記述する量子理論の一般的な形は、ヒルベルト空間とハミルトン作用素〔演算子〕Hで与えられ、進展はシュレディンガー方程式 $i\hbar\partial_t\psi=H\psi$ で記述される。ある状態ψ'を観測してから、時間t経過したところで状態ψを観測する確率は、遷移振幅 $\langle\psi|\exp[-iHt/\hbar]|\psi'\rangle$ で与えられる。複数の変数の互いに関する進展を記述する量子理論の一般的な形は、ヒルベルト空間と$C\psi=0$というホイーラー＝ドウィット方程式で与えられる。状態ψ'を測定してから状態ψを測定する確率は、振幅 $\langle\psi|\int dt\, exp[iCt/\hbar]|\psi'\rangle$ で決定される。詳細で専門的な議論は、拙著*Quantum Gravity*の5章に記載されている。よりコンパクトな議論は、拙論文'Forget Time'を参照されたい。

7　B. S. DeWitt, *Sopra un raggio di luce*（一筋の光線のうえで）, Di Renzo, Roma, 2005.

8　方程式は三つある。それらは基本的な作用素〔演算子〕が定義された理論のヒルベルト空間を定義する。作用素の固有状態は、空間の量子とそれらの間の遷移確率を記述する。

9　スピンは、空間の対称群であるSO(3)という群の表現を数値化した量である。これは、スピンネットワークを記述する数学と通常の物理空間の数学に共通の特徴である。

10　この議論は拙著『すごい物理学講義』で細かく取り上げている。

第九章　時とは無知なり

1　『旧約聖書』「コヘレトの言葉（伝道の書）」、3章・2〜4節。

2　より正確には、ハミルトニアンH、つまり位置と速度の関数としてのエネルギー。

3　$dA/dt=\{A,H\}$ ただし$\{\ ,\ \}$はポアソンの括弧で、Aは任意の変数。

4　エルゴード的な系。

5　方程式は、わたしが本文で引いたミクロカノニカルな形よりも、ボルツマンのカノニカルな形のほうが読みやすい。状態 $\rho = \exp[-H/kT]$ は、時間の進展を引き起こすハミルトニアン H によって定められる。

6　$H = -kT\ ln[\rho]$ が一つのハミルトニアンを（定係数は別にして）定め、これを通して、状態 ρ から始まる「熱」時間が決まる。

7　R. Penrose, *The Emperor's New Mind*, Oxford University Press, Oxford, 1989（邦訳『皇帝の新しい心：コンピュータ・心・物理法則』［林一訳、みすず書房］）; *The Road to Reality*（現実への道）, Cape, London, 2004.

8　量子力学に関するマニュアルで従来「観測」と呼ばれてきたもの。ここで再度繰り返しておくが、この用語は誤解を招く。なぜなら観測という言葉は、世界についてではなく物理実験について語っているからだ。

9　富田゠竹崎の定理によると、フォン・ノイマン環上の一つの状態が、一つの流れ（モジュラー自己同型の一パラメータ族）を定義する。コンヌは、さまざまな状態によって定義された流れが内部自己同型を除いて同値で、そこから環の非可換構造にのみ依存する抽象的な流れを定めることを示した。

10　注9で言及した環の内部自己同型。

11　フォン・ノイマン環におけるある状態の熱時間は、まさに富田の流れである！　状態はこの流れに対してKMS〔久保゠マーティン゠シュウィンガー状態〕である。

12　拙論文 'Statistical Mechanics of Gravity and the Thermodynamical Origin of Time（重力の統計力学と時間の熱力学的起源）', *Classical and Quantum Gravity*, 10, 1993, pp. 1549-66 および、アラン・コンヌとの共同論文 'Von Neumann Algebra Automorphisms and Time—Thermodynamics Relation in General Covariant Quantum Theories（フォン・ノイマン環の自己同型と一般共変量子理論における時間－熱力学関係）', *Classical and Quantum Gravity*, 11, 1994, pp. 2899-918 を参照されたい。

13　A. Connes, D. Chéreau and H. Dixmier, *Le Théâtre quantique*（量子劇場）, Odile Jacob, Paris, 2013.

第一〇章　視点

1　この問いにはさまざまな紛らわしい側面がある。J. Earman, 'The Past Hypothesis: Not Even False（過去仮説：誤りですらない）', *Studies in History and Philosophy of Modern Physics*, 37, 2006, pp. 399-430にひじょうに優れた簡潔な批評が載っている。本文にある「過去の低いエントロピー」という言葉は、この論文でアーマンが論じているような、より一般的な意味で使われているのだが、その点がよく理解されているとはいえないようだ。

2　Friedrich Nietzsche, *Die fröliche Wissenschaft*.（邦訳『ニーチェ全集8　悦ばしき知識』［信太正三訳、筑摩書房］など）

3　専門的な詳細は、拙論文'Is Time's Arrow Perspectival?（時間の矢は視点に依存するのか）'(2015), in *The Philosophy of Cosmology*（宇宙論の哲学）, ed. K. Chamcham, J. Silk, J. D. Barrow and S. Saunders, Cambridge University Press, Cambridge, 2017, https://arxiv.org/abs/1505.01125を参照されたい。

4　熱力学の古典的な定式では、まず、（たとえば、ピストンを動かすことで）外から操作できると想定される変数、あるいは測定できると想定される変数（たとえば構成要素の相対的濃度）を明記して、系を記述する。つまりこれらが「熱力学的変数」になるのである。熱力学はその系の真の記述ではなく、その系のこれらの変数の記述なのだ。そしてわたしたちは、これらの変数を通して系と相互作用できると考えている。

5　たとえばこの部屋の空気のエントロピーは、空気を均質な気体を見なすと、ある値になる。ところがその化学組成を個別に測っただけでは、その値が変わる（減る）。

6　現代の哲学者のジェナン・T・イスマエルは、この世界の視点によって左右されるこれらの側面に光を当てた。J. T. Ismael, *The Situated Self*（位置を持つ自我）, Oxford University Press, New York, 2007. また自由意思に関しても、*How Physics Makes Us Free*（物理学はいかにしてわたしたちを自由にするか）, Oxford University Press, New York, 2016というみごとな本をまとめている。

7 デイヴィッド・アルバートはこれを過去仮説と呼び、この事実を自然法則に格上げすることを提案している。D. Z. Albert, *Time and Chance*（時間と偶然）, Harvard University Press, Cambridge, MA, 2000.

第一一章　特殊性から生じるもの

1 これもまたよく混乱の原因になる。それというのも、濃縮された雲は薄い雲より「秩序立っている」ように見えるからだ。しかしこれは事実でない。なぜなら薄く散らばった雲の分子の速度がそろいもそろって小さいのに対して、重力で雲が押し縮められると、それらの分子の速度が大きくなるからだ。雲は物理的空間では濃縮されても相空間で分散するので、そちらが利いてくる。

2 とくに、S. A. Kauffman, *Humanity in a Creative Universe*（創造的な宇宙における人間性）, Oxford University Press, New York, 2016を参照されたい。

3 宇宙における局地的なエントロピーの増大の影響を理解するうえで、宇宙におけるこの相互作用の分岐構造の存在が重要であることは、たとえばハンス・ライヘンバッハがH. Reichenbach, *The Direction of Time*（時間の向き）, University of California Press, Berkeley, 1956で主張している。ライヘンバッハのこの著作は、これらの議論に疑いを持つすべての人にとって、また、さらに議論を深めたいと思うすべての人にとって基本的な文献である。

4 痕跡とエントロピーの正確な関係については、注3のH. Reichenbach, *The Direction of Time*を参照されたい。とくにエントロピーと痕跡と共通原因の関係に関する議論は第一〇章注7で紹介したD. Z. Albert, *Time and Chance*を、また最近のアプローチについては、D. H. Wolpert, 'Memory Systems, Computation and the Second Law of Thermodynamics（記憶システム、計算と熱力学の第二法則）', *International Journal of Theoretical Physics*, 31, 1992, pp. 743-85をご覧いただきたい。

5 わたしたちにとって「因果」が何を意味するのかという難しい問いについては、N. Cartwright, *Hunting Causes and Using Them*（原因の追求と利用）, Cambridge University Press, Cambridge, 2007を参照されたい。

6 ライヘンバッハの用語でいう「共通原因」。

7 B. Russell, 'On the Notion of Cause' *Proceedings of the Aristotelian Society*, N. S., 13, 1912-1913, pp. 1-26.（邦訳「原因という概念について」『バートランド・ラッセル著作集第4 神秘主義と論理』［江森巳之助訳、みすず書房］）

8 N. Cartwright, *Hunting Causes and Using Them*（既出）.

9 時間の向きの問題に関する明快な議論は、H. Price, *Time's Arrow & Archimedes' Point*, Oxford University Press, Oxford, 1996（邦訳『時間の矢の不思議とアルキメデスの目』［遠山峻正ほか訳、講談社］）を参照されたい。

第一二章　マドレーヌの香り

1 *Milinda Panha*, II, 1, in *Sacred Books of the East*, vol. XXXV, 1890.（邦訳『ミリンダ王の問い』［中村元訳、平凡社］など）

2 C. Rovelli, 'Meaning=Informaiton+Evolution（意味＝情報＋進化）', 2016, https://arxiv.org/abs/1611.02420.

3 G. Tononi, O. Sporns, G. M. Edelman, 'A measure for Brain Complexity: Relating Functional Segregation and Integration in the Nervous System（脳の複雑さの尺度：神経系における機能的分節と統合）', *Proceedings of the National Academy of Sciences USA*, 91, 1994, pp. 5033-37.

4 J. Hohwy, *The Predictive Mind*（予測できる心）, Oxford University Press, Oxford, 2013 .

5 たとえば、V. Mante, D. Sussillo, K. V. Shenoy and W. T. Newsome, 'Context-dependent Computation by Recurrent Dynamics in Prefrontal Cortex（前頭前部皮質におけるリカレント・ダイナミクスによる文脈依存計算）', *Nature*, 503, 2013, pp. 78-84および、そこに挙げてある参考文献を参照されたい。

6 D. Buonomano, *Your Brain is a Time Machine: The Neuroscience and Physics of Time*, Norton, New York, 2017.

7 *La Condemnation parisienne de 1277*（1277年のパリの禁令）, ed. D. Piché, Vrin, Paris, 1999.

8 E. Husserl, *Vorlesungen zur Phänomenologie des inneren Zeitbewusstseins*, Niemeyer, Halle a. d. Saale, 1928.（邦訳『内的時間意識の現象学』［谷徹訳、筑摩書房］など）

9 引用した文章のなかでフッサールは、これが「物理的な現象」ではないという点を強調している。自然主義者からすると、これは論点先取のように聞こえる。フッサールが記憶を物理的な現象として見ようとしないのは、現象学的な経験を分析の出発点に据えることをあらかじめ決めているからだ。ヒトの脳のニューロンの動態研究のおかげで、物理の観点から見たときにこの現象がどのように表れるのかが明らかになってきた。それによると、わたしの脳の物理的な状態の「現在」が、その過去の状態を「考える」。そしてその過去は、遠ければ遠いほど薄れていく。たとえば、M. Jazayeri and M. N. Shadlen, 'A Neural Mechanism for Sensing and Reproducing a Time Interval（時間の隔たりの知覚と再生の神経機構）', *Current Biology*, 25, 2015, pp. 2599-609を参照されたい。

10 M. Heidegger, 'Einführung in die Metaphysik' (1935), in *Gesamtausgabe*, Klostermann, Frankfurt am Main, vol. XL, 1983, p. 90（邦訳『形而上学入門』［川原栄峰訳、平凡社］など）

11 M. Heidegger, *Sein und Zeit* (1927), in *Gesamtausgabe*, vol. II, 1977, passim.（邦訳『存在と時間』［細谷貞雄訳、筑摩書房］など）

12 M. Proust, *Du côté de chez Swann*, in *À la recherche du temps perdu*, Gallimard, Paris, vol. I, 1987, pp. 3-9.（邦訳『失われた時を求めて第一篇 スワン家の方へ』［鈴木道彦訳、集英社］など）

13 同上、182ページ。

14 G. B. Vicario, *Il tempo. Saggio di psicologia sperimentale*（時間：実験心理学の証拠）, Il Mulino, Bologna, 2005.

15 かなり広く見られる結果については、たとえば、J. M. E. McTaggart, *The Nature of Existence*（存在の本性）, Cambridge University Press, Cambridge, vol. I, 1921の冒頭を参照されたい。

16 おそらくM. Heidegger, *Holzwege*（邦訳『杣径』「ハイデッガー全集」第五巻［茅野良男訳、創文社］など）のあちこちに登場するLichtung（明

け開け＝森のなかの間伐地）なのであろう。

17 社会学の父ともいわれるエミール・デュルケームにとって、時間という概念は、他の思索の大きなカテゴリー同様、社会に――とりわけ社会の原初的形態をなす宗教的構造のなかに――その起源があった。Durkheim, *Les Formes élémentaires de la vie religieuse*, Alcan, Paris, 1912（邦訳『宗教生活の原初形態』［古野清人訳、岩波書店］）を参照。今かりに時間の複雑な側面――時という概念の「より外側の層」――について同じことがいえたとしても、それを時の経過という直接的な経験にまで拡張することは難しいと思われる。ほかのほ乳類もほとんどがヒトと同じような脳を持っており、したがってわたしたちのような時の経過を経験しているにもかかわらず、社会や宗教を持つ必要はないのだから。

18 人間の心理にとっての時間の基本的側面については、ウィリアム・ジェームズの古典、W. James, *The Principles of Psychology*（心理学の諸原理）, Henry Holt, New York, 1890（全訳は存在せず。抄訳は『心理学』［今田寛訳、岩波書店］など）をも参照されたい。

19 *Mahāvagga*, I, 6, 19, in *Sacred Books of the East*, vol. XIII, 1881.（邦訳『南伝大蔵経　律蔵3～4』［高楠順次郎監修、大蔵出版］収載の「マハーヴァッガ」など）

20 Hugo von Hofmannstahl, *Der Rosenkavalier*, Act I.（邦訳『フーゴー・フォン・ホーフマンスタール選集4　戯曲』［岩淵達治、河出書房新社］収載の「薔薇の騎士」など、第一幕・第一場）

第一三章　時の起源

1 『旧約聖書』「コヘレトの言葉」、3章・2節。

2 時間のこの側面を軽く面白く信頼できる形で紹介しているのが、C. Callender and R. Edney, *Introducing Time: A Graphic Guide*（絵解きによる時間入門）, Icon Books, Cambridge, 2001である。

眠りの姉

1 *Mahābhārata*, III, 297.(邦訳『原典訳　マハーバーラタ』[上村勝彦訳、筑摩書房]など)

2 *Mahābhārata*, I, 119.

3 A. Balestrieri, 'Il disturbo schizofrenico nell'evoluzione della menta umana. Pensiero astratto e perdita del senso naturale della realtà(人間精神の発展における統合失調的な攪乱:抽象思考と現実の自然な感覚の喪失)', *Comprendre*, 14, 2004, pp. 55-60.

4 R. Calasso, *L'ardore*(燃える心), Adelphi, Milano, 2010.

5 『旧約聖書』「コヘレトの言葉」、12章・6〜7節。

※URLは2017年5月の原書刊行時のものです。

【著者】
カルロ・ロヴェッリ　Carlo Rovelli
理論物理学者。1956年、イタリアのヴェローナ生まれ。ボローニャ大学卒業後、パドヴァ大学大学院で博士号取得。イタリアやアメリカの大学勤務を経て、現在はフランスのエクス＝マルセイユ大学の理論物理学研究室で、量子重力理論の研究チームを率いる。「ループ量子重力理論」の提唱者の一人。『すごい物理学講義』（河出書房新社）で「メルク・セローノ文学賞」「ガリレオ文学賞」を受賞。『世の中ががらりと変わって見える物理の本』（同）は世界で100万部超を売り上げ、大反響を呼んだ。本書はイタリアで18万部発行、35か国で刊行決定の世界的ベストセラー。タイム誌の「ベスト10ノンフィクション（2018年）」にも選ばれている。

【訳者】
冨永 星　とみなが・ほし
1955年、京都府生まれ。京都大学理学部数理科学系卒業。一般向け数学科学啓蒙書などの翻訳を手がける。訳書に、マーカス・デュ・ソートイ『数字の国のミステリー』『素数の音楽』（共に新潮社）、シャロン・バーチュ・マグレイン『異端の統計学　ベイズ』（草思社）、スティーヴン・ストロガッツ『Xはたの（も）しい』、ジェイソン・ウィルクス『1から学ぶ大人の数学教室』（共に早川書房）など。

【解説】
吉田伸夫　よしだ・のぶお
1956年、三重県生まれ。東京大学理学部物理学科卒業、同大学院博士課程修了。理学博士。専攻は素粒子論（量子色力学）。東海大学と明海大学での勤務を経て、現在はサイエンス・ライター。著書に『明解　量子重力理論入門』『宇宙に「終わり」はあるのか』（共に講談社）、『思考の飛躍』『光の場、電子の海』『宇宙に果てはあるか』（すべて新潮社）など。

校正：吉田伸夫　酒井清一
本文組版：佐藤裕久

時間は存在しない

2019年 8月30日　第1刷発行
2023年11月25日　第12刷発行

著　者　カルロ・ロヴェッリ
訳　者　冨永 星
発行者　松本浩司
発行所　NHK出版
〒150-0042　東京都渋谷区宇田川町10-3
電話　0570-009-321（問い合わせ）
0570-000-321（注文）
ホームページ　https://www.nhk-book.co.jp

印　刷　亨有堂印刷所　大熊整美堂
製　本　ブックアート

乱丁・落丁本はお取り替えいたします。
定価はカバーに表示してあります。

Printed in Japan　ISBN978-4-14-081790-2　C0098